東進

共通テスト実戦問題集
数学Ⅰ・A
〈3訂版〉

MATHEMATICS

東進

共通テスト実戦問題集
数学Ⅰ・A
〈3訂版〉

MATHEMATICS

問題編
Question

東進ハイスクール・東進衛星予備校 講師
志田 晶
SHIDA Akira

目次

【解答上の注意】

1　解答は，解答用紙の問題番号に対応した解答欄にマークしなさい。

2　問題の文中の［ア］，［イウ］などには，符号(−)又は数字(0 ～ 9)が入ります。ア，イ，ウ，…の一つ一つは，これらのいずれか一つに対応します。それらを解答用紙のア，イ，ウ，…で示された解答欄にマークして答えなさい。

例　［アイウ］に -83 と答えたいとき

ア	● ⓪ ① ② ③ ④ ⑤ ⑥ ⑦ ⑧ ⑨
イ	⊖ ⓪ ① ② ③ ④ ⑤ ⑥ ⑦ ● ⑨
ウ	⊖ ⓪ ① ② ● ④ ⑤ ⑥ ⑦ ⑧ ⑨

3　分数形で解答する場合，分数の符号は分子につけ，分母につけてはいけません。

例えば，$\dfrac{\boxed{エオ}}{\boxed{カ}}$ に $-\dfrac{4}{5}$ と答えたいときは，$\dfrac{-4}{5}$ として答えなさい。

また，それ以上約分できない形で答えなさい。

例えば，$\dfrac{3}{4}$ と答えるところを，$\dfrac{6}{8}$ のように答えてはいけません。

4　小数の形で解答する場合，指定された桁数の一つ下の桁を四捨五入して答えなさい。また，必要に応じて，指定された桁まで⓪にマークしなさい。

例えば，［キ］.［クケ］に 2.5 と答えたいときは，2.50 として答えなさい。

5　根号を含む形で解答する場合，根号の中に現れる自然数が最小となる形で答えなさい。

例えば，$\boxed{コ}\sqrt{\boxed{サ}}$ に $4\sqrt{2}$ と答えるところを，$2\sqrt{8}$ のように答えてはいけません。

6　根号を含む分数形で解答する場合，例えば $\dfrac{\boxed{シ}+\boxed{ス}\sqrt{\boxed{セ}}}{\boxed{ソ}}$ に $\dfrac{3+2\sqrt{2}}{2}$ と答えるところを，$\dfrac{6+4\sqrt{2}}{4}$ や $\dfrac{6+2\sqrt{8}}{4}$ のように答えてはいけません。

7　問題の文中の二重四角で表記された［［タ］］などには，選択肢から一つを選んで，答えなさい。

8　同一の問題文中に［チツ］，［［テ］］などが2度以上現れる場合，原則として，2度目以降は，［チツ］，［［テ］］のように細字で表記します。

東進　共通テスト実戦問題集

第1回

数学Ⅰ・数学A

（100点
70分）

Ⅰ 注意事項

1　解答用紙に，正しく記入・マークされていない場合は，採点できないことがあります。特に，解答用紙の**解答科目欄にマークされていない場合又は複数の科目にマークされている場合は，0点**となることがあります。

2　試験中に問題冊子の印刷不鮮明，ページの落丁・乱丁及び解答用紙の汚れ等に気付いた場合は，手を高く挙げて監督者に知らせなさい。

3　問題冊子の余白等は適宜利用してよいが，どのページも切り離してはいけません。

4　**不正行為について**

①　不正行為に対しては厳正に対処します。

②　不正行為に見えるような行為が見受けられた場合は，監督者がカードを用いて注意します。

③　不正行為を行った場合は，その時点で受験を取りやめさせ退室させます。

5　試験終了後，問題冊子は持ち帰りなさい。

Ⅱ 解答上の注意

1　解答上の注意は，p.4に記載してあります。必ず読みなさい。

数学Ⅰ・数学Ａ

問 題	選 択 方 法
第１問	必 答
第２問	必 答
第３問	必 答
第４問	必 答

（下 書 き 用 紙）

第１問 （配点　30）

〔1〕 実数 x，y について次の問いに答えよ。

(1) $A = 3x^2 - 14x + 16$ を因数分解すると，

$$A = \left(x - \boxed{\text{ア}}\right)\left(\boxed{\text{イ}}\,x - \boxed{\text{ウ}}\right)$$

となる。

このＡに関して次の２つの命題Ⅰ，Ⅱがある。

命題Ⅰ：x が整数ならば $A \geqq 0$ である

命題Ⅱ：x が無理数ならば A も無理数である

命題Ⅰ，Ⅱの真偽の組合せとして正しいものは $\boxed{\text{エ}}$ である。

$\boxed{\text{エ}}$ の解答群

	⓪	①	②	③
命題Ⅰ	真	真	偽	偽
命題Ⅱ	真	偽	真	偽

（数学Ⅰ・数学Ａ第１問は次ページに続く。）

(2) $B = 2x^2 + 2y^2 - 5xy + 5x - 7y + 3$ を因数分解すると，

$$B = \left(x - \boxed{\text{オ}}\, y + \boxed{\text{カ}}\right)\left(\boxed{\text{キ}}\, x - y + \boxed{\text{ク}}\right)$$

となる。

x または y が整数でないことは，B が整数でないことの ケ 。

ケ の解答群

⓪ 必要十分条件である
① 必要条件であるが，十分条件でない
② 十分条件であるが，必要条件でない
③ 必要条件でも十分条件でもない

（数学Ⅰ・数学Ａ第１問は次ページに続く。）

〔２〕 以下の問題を解答するにあたっては，必要に応じて 11 ページの三角比の表を用いてもよい。

ある地点から真北の方向の水平距離 5 km のところに気球が飛んでいるのを観測した。

(1) 仰角 32° で見ることができた。気球の高度は約 コ . サ km である。ただし，目の高さは無視して考えるものとする。

(2) この気球が高度を変えずに真東から北に 30° の方向に 3 km 移動した。観測者から気球までの水平距離は シ km である。移動した気球の仰角を θ とすると，$n^\circ \leqq \theta < (n+1)^\circ$ を満たす整数 n は，$n =$ スセ である。

（数学Ⅰ・数学Ａ第１問は次ページに続く。）

三角比の表

角	正弦(sin)	余弦(cos)	正接(tan)
0°	0.0000	1.0000	0.0000
1°	0.0175	0.9998	0.0175
2°	0.0349	0.9994	0.0349
3°	0.0523	0.9986	0.0524
4°	0.0698	0.9976	0.0699
5°	0.0872	0.9962	0.0875
6°	0.1045	0.9945	0.1051
7°	0.1219	0.9925	0.1228
8°	0.1392	0.9903	0.1405
9°	0.1564	0.9877	0.1584
10°	0.1736	0.9848	0.1763
11°	0.1908	0.9816	0.1944
12°	0.2079	0.9781	0.2126
13°	0.2250	0.9744	0.2309
14°	0.2419	0.9703	0.2493
15°	0.2588	0.9659	0.2679
16°	0.2756	0.9613	0.2867
17°	0.2924	0.9563	0.3057
18°	0.3090	0.9511	0.3249
19°	0.3256	0.9455	0.3443
20°	0.3420	0.9397	0.3640
21°	0.3584	0.9336	0.3839
22°	0.3746	0.9272	0.4040
23°	0.3907	0.9205	0.4245
24°	0.4067	0.9135	0.4452
25°	0.4226	0.9063	0.4663
26°	0.4384	0.8988	0.4877
27°	0.4540	0.8910	0.5095
28°	0.4695	0.8829	0.5317
29°	0.4848	0.8746	0.5543
30°	0.5000	0.8660	0.5774
31°	0.5150	0.8572	0.6009
32°	0.5299	0.8480	0.6249
33°	0.5446	0.8387	0.6494
34°	0.5592	0.8290	0.6745
35°	0.5736	0.8192	0.7002
36°	0.5878	0.8090	0.7265
37°	0.6018	0.7986	0.7536
38°	0.6157	0.7880	0.7813
39°	0.6293	0.7771	0.8098
40°	0.6428	0.7660	0.8391
41°	0.6561	0.7547	0.8693
42°	0.6691	0.7431	0.9004
43°	0.6820	0.7314	0.9325
44°	0.6947	0.7193	0.9657
45°	0.7071	0.7071	1.0000

角	正弦(sin)	余弦(cos)	正接(tan)
45°	0.7071	0.7071	1.0000
46°	0.7193	0.6947	1.0355
47°	0.7314	0.6820	1.0724
48°	0.7431	0.6691	1.1106
49°	0.7547	0.6561	1.1504
50°	0.7660	0.6428	1.1918
51°	0.7771	0.6293	1.2349
52°	0.7880	0.6157	1.2799
53°	0.7986	0.6018	1.3270
54°	0.8090	0.5878	1.3764
55°	0.8192	0.5736	1.4281
56°	0.8290	0.5592	1.4826
57°	0.8387	0.5446	1.5399
58°	0.8480	0.5299	1.6003
59°	0.8572	0.5150	1.6643
60°	0.8660	0.5000	1.7321
61°	0.8746	0.4848	1.8040
62°	0.8829	0.4695	1.8807
63°	0.8910	0.4540	1.9626
64°	0.8988	0.4384	2.0503
65°	0.9063	0.4226	2.1445
66°	0.9135	0.4067	2.2460
67°	0.9205	0.3907	2.3559
68°	0.9272	0.3746	2.4751
69°	0.9336	0.3584	2.6051
70°	0.9397	0.3420	2.7475
71°	0.9455	0.3256	2.9042
72°	0.9511	0.3090	3.0777
73°	0.9563	0.2924	3.2709
74°	0.9613	0.2756	3.4874
75°	0.9659	0.2588	3.7321
76°	0.9703	0.2419	4.0108
77°	0.9744	0.2250	4.3315
78°	0.9781	0.2079	4.7046
79°	0.9816	0.1908	5.1446
80°	0.9848	0.1736	5.6713
81°	0.9877	0.1564	6.3138
82°	0.9903	0.1392	7.1154
83°	0.9925	0.1219	8.1443
84°	0.9945	0.1045	9.5144
85°	0.9962	0.0872	11.4301
86°	0.9976	0.0698	14.3007
87°	0.9986	0.0523	19.0811
88°	0.9994	0.0349	28.6363
89°	0.9998	0.0175	57.2900
90°	1.0000	0.0000	—

（数学Ⅰ・数学Ａ第１問は次ページに続く。）

〔3〕 半径 2 の円に BC ＝ 3 の△ ABC が内接している。頂点 A はこの円上を自由に動けるものとする。

頂点 A の位置によらず

$$\sin A = \frac{\boxed{ソ}}{\boxed{タ}}$$

である。頂点 A が動くことで，△ ABC の面積は最大値

$$\frac{\boxed{チ}}{\boxed{ツ}}\left(\boxed{テ}+\sqrt{\boxed{ト}}\right)$$

をとる。

この円上に△ ABC の面積が 5 となる頂点 A は［ナ］。

また，△ ABC の面積が 1 となる頂点 A は［ニ］。

［ナ］，［ニ］の解答群（同じものを繰り返し選んでもよい。）

⓪ 存在しない

① 1 個存在する

② 2 個存在する

③ 3 個存在する

④ 4 個存在する

（下 書 き 用 紙）

第２問 （配点　30）

〔１〕 太郎さんと花子さんは，$\angle BAC = 90^\circ$，$AB + AC = 10$ の直角三角形 ABC について話している。

図のように，$AB = a$ として，辺 AB 上に $BD = x$ $(0 < x < a)$ となる点 D をとり，その点 D から辺 AC に平行な線を引き，辺 BC との交点を E とする。また，点 E から辺 AB に平行な線を引き，辺 AC との交点を F とし，長方形 ADEF の面積を S_a とする。

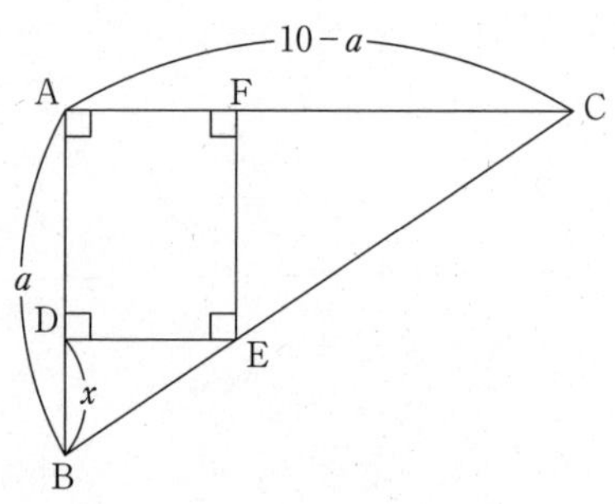

(1)

太郎：S_a を x，a の式で表してみよう。

花子：a と x という２つの文字があると難しいね。

太郎：そうだね。$a = 3$ のときで考えてみよう。

花子：$BD = x$ だから $AD = 3 - x$ だよね。あとは DE の長さがわかればいいね。

太郎：$\triangle ABC$ と $\triangle DBE$ は相似だから DE = [ア] だね。

[ア] の解答群

⓪ $\frac{7}{3}x$　　① $\frac{3}{7}x$　　② $\frac{7}{3}(3 - x)$　　③ $\frac{3}{7}(3 - x)$

（数学Ⅰ・数学Ａ第２問は次ページに続く。）

(2)

花子：$a=3$ のときの長方形の面積を S_3 とすると，S_3 は x の２次関数になるね。

太郎：そうだね。S_3 は $x=\dfrac{\boxed{\text{イ}}}{\boxed{\text{ウ}}}$ のとき，最大値 $\dfrac{\boxed{\text{エオ}}}{\boxed{\text{カ}}}$ になるよ。

花子：同じように AB $=a$ のときを考えてみよう。

太郎：BD $=x$ だから，AD $=a-x$ だね。同様に考えると，

$S_a=\boxed{\boxed{\text{キ}}}\,(ax-x^2)$ となるね。

$\boxed{\boxed{\text{キ}}}$ の解答群

⓪ $\dfrac{10-a}{a}$	① $-\dfrac{10-a}{a}$	② $\dfrac{a}{10-a}$	③ $-\dfrac{a}{10-a}$

（数学Ｉ・数学Ａ第２問は次ページに続く。）

(3)

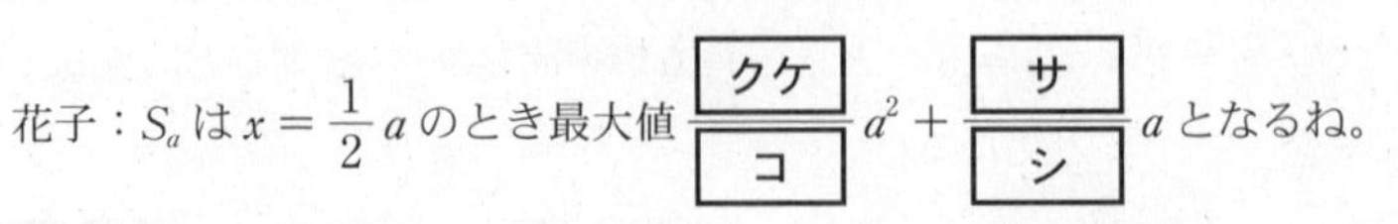

花子：S_a は $x=\frac{1}{2}a$ のとき最大値 $\frac{\boxed{\text{クケ}}}{\boxed{\text{コ}}}a^2+\frac{\boxed{\text{サ}}}{\boxed{\text{シ}}}a$ となるね。

太郎：この最大値は，$a=$ □ス のとき，最大値 $\frac{\boxed{\text{セソ}}}{\boxed{\text{タ}}}$ だね。

$y=S_3$ のグラフを実線，$a=$ □ス のときの $y=S_{\boxed{\text{ス}}}$ のグラフを点線で表したとき，最も適当なものは □チ である。ただし，y 軸は省略してある。

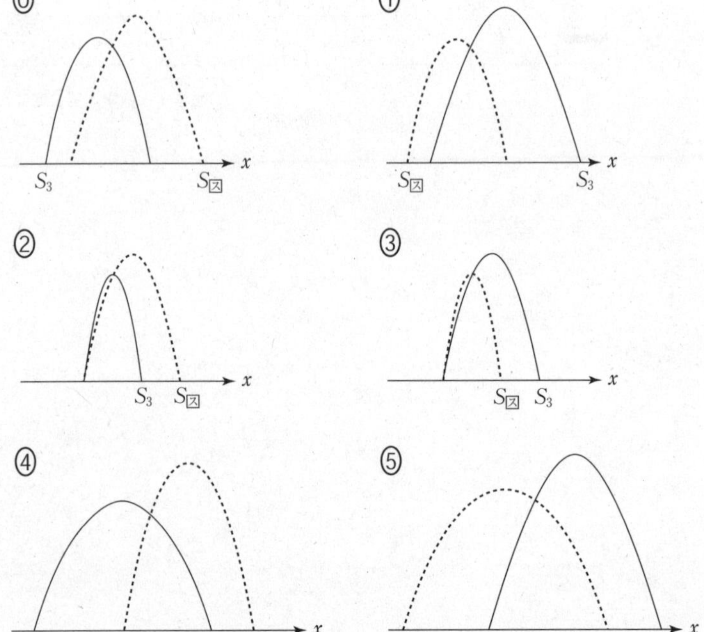

（数学Ⅰ・数学Ａ第２問は次ページに続く。）

〔2〕 あるクラスの 40 人（男子 20 人，女子 20 人）で 50 点満点の数学と英語のテストを行った。表１は，テストの結果を度数分布表に表したもの（相関表）である。ただし，横が数学の得点，縦が英語の得点を表している。

数学(点)／英語(点)	0 以上 10 未満	10 以上 20 未満	20 以上 30 未満	30 以上 40 未満	40 以上 50 未満	50	計
0 以上 10 未満			1				1
10 以上 20 未満	2	2	3	1			8
20 以上 30 未満		2	3	2	1		8
30 以上 40 未満	1	1	3	4	3		12
40 以上 50 未満			2	4	5		11
50							0
計	3	5	12	11	9	0	40

表１　数学と英語のテストの結果の相関表

なお，小数の形で解答する場合は，**解答上の注意**にあるように，指定された桁数の１つ下の桁を四捨五入して答えよ。

(1) 英語が 40 点以上の人は［ツテ］％である。

(2) 数学の平均点は最大で［トナ］.［ニ］点である。ただし，試験の点数はすべて整数である。

（数学Ⅰ・数学Ａ第２問は次ページに続く。）

(3) 次の⓪～⑤のうち，数学の点数の箱ひげ図として表１に矛盾しないものは ヌ と ネ である（解答の順序は問わない。）

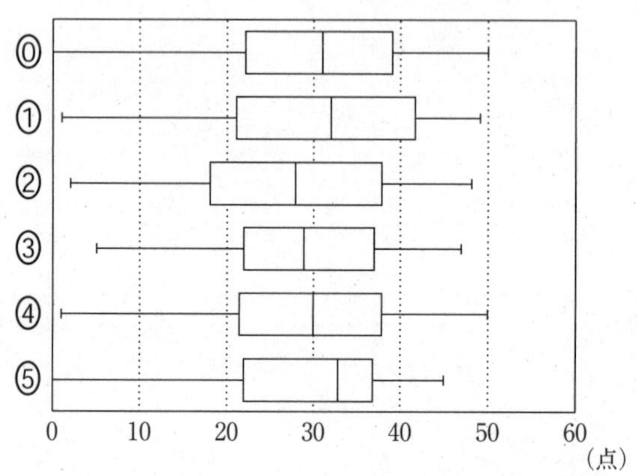

(4) 図１は，40 人のうち男子 20 人の数学と英語のテストの結果の散布図である。

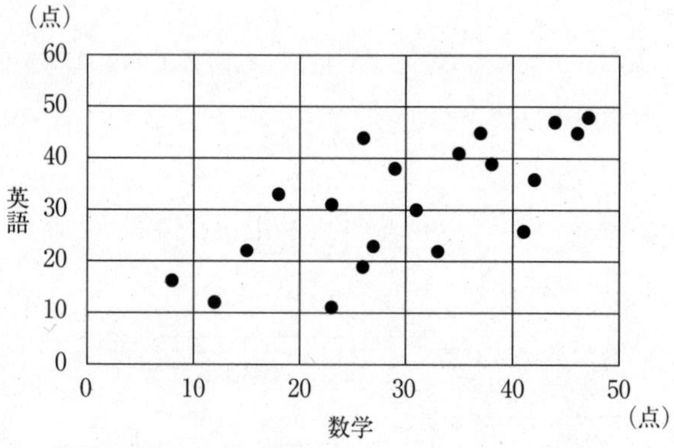

図１ 男子の数学と英語のテストの結果の散布図

（数学Ⅰ・数学Ａ第２問は次ページに続く。）

次の⓪〜⑤のうち，残りの女子 20 人の数学と英語のテストの結果の散布図として表 1 に矛盾しないものは ［ノ］ である。

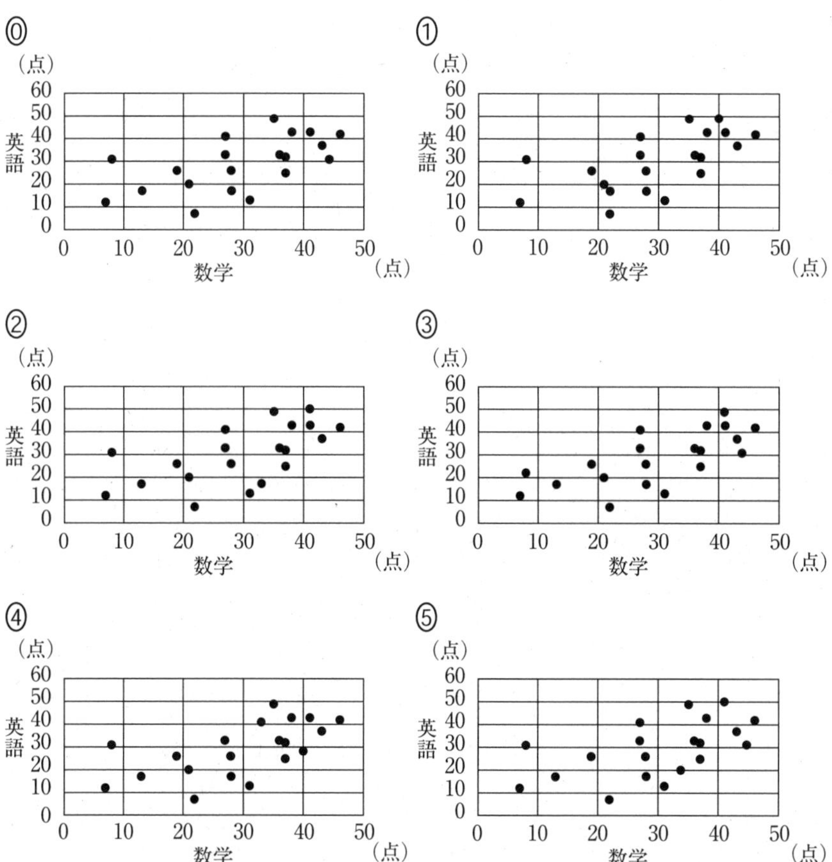

（数学Ⅰ・数学Ａ第２問は次ページに続く。）

〔3〕 表2は日本のある年における，4つの地点の月の平均気温と，月の合計降水量をまとめたものである。

A地点	1月	2月	3月	4月	5月	6月	7月	8月	9月	10月	11月	12月	平均
気温(℃)	7.0	10.2	13.5	16.7	20.4	24.2	28.9	27.5	25.9	21.0	13.9	9.1	18.2
降水量(mm)	45.5	79.5	116.5	66.0	133.5	123.0	45.5	881.5	246.5	44.0	152.5	45.0	164.9

B地点	1月	2月	3月	4月	5月	6月	7月	8月	9月	10月	11月	12月	平均
気温(℃)	5.4	8.5	12.8	15.1	19.6	22.7	25.9	27.4	22.3	18.2	13.7	7.9	16.6
降水量(mm)	43.5	88.5	173.0	156.0	99.5	168.5	310.0	382.5	222.5	119.5	93.0	116.0	164.4

C地点	1月	2月	3月	4月	5月	6月	7月	8月	9月	10月	11月	12月	平均
気温(℃)	16.8	18.5	20.8	21.7	25.8	27.1	28.8	28.7	28.8	26.0	21.8	18.9	23.6
降水量(mm)	118.5	194.5	69.5	92.0	163.5	893.5	337.5	109.5	241.0	107.5	92.5	66.0	207.1

D地点	1月	2月	3月	4月	5月	6月	7月	8月	9月	10月	11月	12月	平均
気温(℃)	−4.4	−2.2	3.8	7.9	13.1	18.9	23.9	22.9	18.8	12.5	7.3	−0.5	10.2
降水量(mm)	90.5	78.5	79.5	112.0	76.5	50.5	7.5	108.5	73.0	150.5	153.5	108.5	90.8

表2 ある年における月の平均気温と合計降水量

(数学Ⅰ・数学A第２問は次ページに続く。)

(1) A 地点のデータから読み取れることとして，正しいものは ハ である。

ハ の解答群

⓪ 気温の第３四分位数は９月の気温と一致する。
① 降水量は，平均値より第３四分位数の方が大きい。
② 降水量は，中央値より平均値の方が小さい。
③ 気温は，平均値より中央値の方が大きい。

(数学Ⅰ・数学Ａ第２問は次ページに続く。)

(2) 図2，図3は，4つの地点の降水量と気温を箱ひげ図にしたものである。

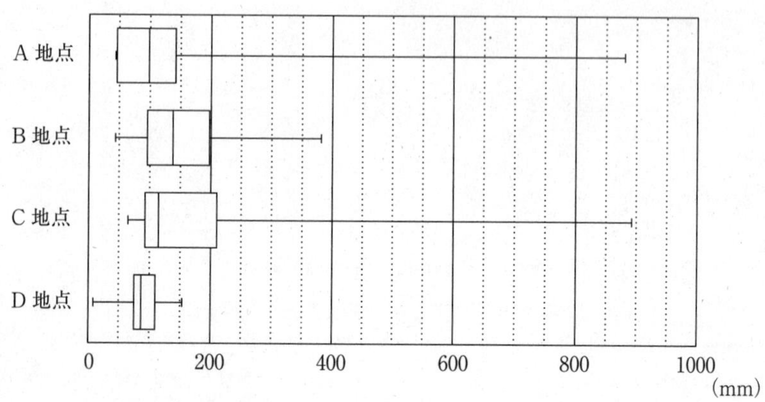

図2 ある年における4つの地点の月の合計降水量の箱ひげ図

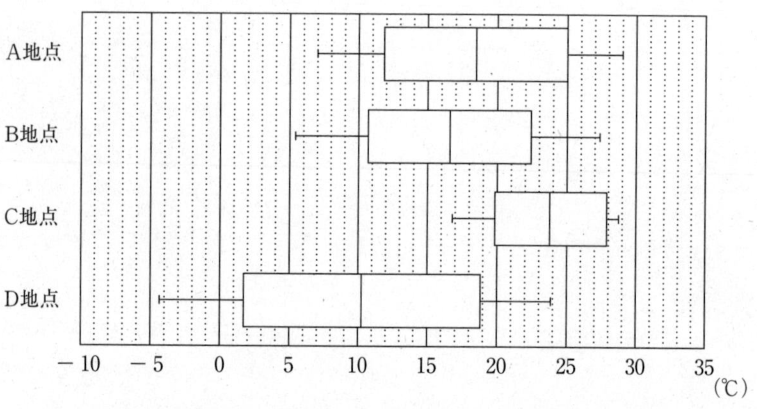

図3 ある年における4つの地点の月の平均気温の箱ひげ図

（数学Ⅰ・数学A第２問は次ページに続く。）

表2と図2，図3から読み取れることとして正しいものは［ヒ］と［フ］である。

［ヒ］，［フ］の解答群（解答の順序は問わない。）

⓪ 降水量について，B地点の第3四分位数はD地点の最大値より小さい。

① 降水量について，平均値と中央値を比べると，すべての地点で平均値が上回っている。

② 降水量について，最小値，第1四分位数，中央値，第3四分位数，最大値はすべてC地点が他の地点を上回っている。

③ 気温について，C地点の範囲はD地点の四分位範囲より大きい。

④ 気温について，C地点の第1四分位数とB地点の第3四分位数を比べると，C地点の第1四分位数の方が大きい。

⑤ 気温について，A地点とB地点の四分位範囲を比べると，A地点の方が大きい。

第３問 （配点 20）

四角形 ABCD は BC = 8，CD = 6，∠BCD = 90°で，点 O を中心とする半径 4 の内接円をもつとする。辺 AB，BC，CD，DA と内接円 O の接点をそれぞれ P，Q，R，S とする。

2 点 C，P を結ぶ線分 CP の長さは

$$CP = \boxed{\text{ア}}\sqrt{\boxed{\text{イ}}}$$

であり，線分 CP と内接円 O の交点で，点 P と異なる方の点を T とするとき

$$CT = \frac{\boxed{\text{ウ}}\sqrt{\boxed{\text{エ}}}}{\boxed{\text{オ}}}$$

となる。さらに

$$DR = DS = \boxed{\text{カ}}$$

であり，線分 AS と線分 AP の長さを求めると

$$AB = \boxed{\text{キク}}$$

とわかる。

（数学Ⅰ・数学A第３問は次ページに続く。）

また，2点 A，Q を結び，線分 AQ と線分 CP の交点を U とすると

AU：UQ＝ ケ ： コ

とわかる。

さらに，直線 AD と直線 BC の交点を V とし，直線 AB と直線 DQ の交点を W，直線 AQ と直線 VW の交点を Z とすると

AU：UQ：QZ＝ サシ ： ス ： セ

となる。

第４問 （配点 20）

A，B，Cの３人のうち２人がゲームを行う。AがBに勝つ確率，BがCに勝つ確率，CがAに勝つ確率はそれぞれ $\dfrac{2}{3}$，$\dfrac{1}{2}$，$\dfrac{1}{4}$ である。このゲームに引き分けは存在せず，必ず決着がつく。試合を繰り返してもそれぞれの確率は変化しない。

(1) AとBが５回ゲームを行うとする。５回終わって，Aが３勝する確率は $\dfrac{\boxed{アイ}}{\boxed{ウエオ}}$ である。Aが３勝したとき，５回のうちどこかで３連勝する条件付き確率は $\dfrac{\boxed{カ}}{\boxed{キク}}$ である。

AとBが５回ゲームを行うとき，Aの勝ち数に応じて，次のように得点 X を定める。

Aの勝ち数	0	1	2	3	4	5
X	0	0	0	10	20	60

このとき，X の期待値 E は $\dfrac{\boxed{ケコサ}}{\boxed{シ}}$ である。

（数学Ⅰ・数学A第４問は次ページに続く。）

(2) A, B, C の３人がトーナメントを行うとする。トーナメントは次のⅠ，Ⅱ，Ⅲの３種類が考えられる。トーナメントの種類はすべて等確率で選ばれるものとする。

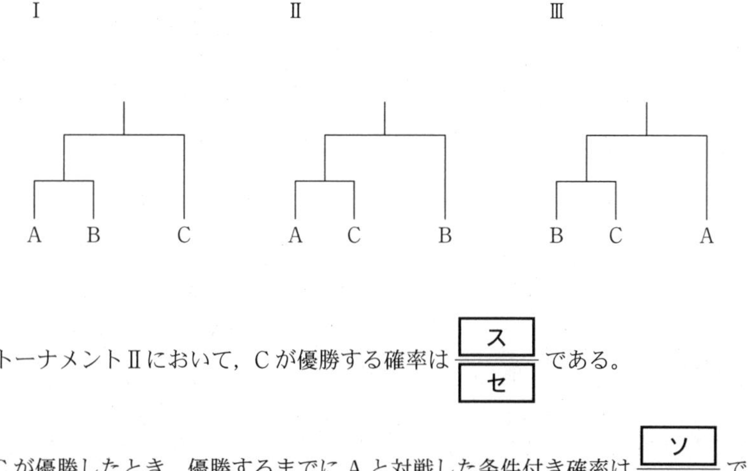

トーナメントⅡにおいて，C が優勝する確率は $\dfrac{\boxed{ス}}{\boxed{セ}}$ である。

C が優勝したとき，優勝するまでに A と対戦した条件付き確率は $\dfrac{\boxed{ソ}}{\boxed{タ}}$ である。

(数学Ⅰ・数学A第４問は次ページに続く。)

⑶ ＡはＢと３回ゲームをし，そのあと，Ｃと２回ゲームをする。Ａが合計で３勝する確率を考える。Ａが３勝するのは次の(ⅰ)，(ⅱ)，(ⅲ)のいずれかである。

(ⅰ)Ｂに３勝，Ｃに０勝する
(ⅱ)Ｂに２勝，Ｃに１勝する
(ⅲ)Ｂに１勝，Ｃに２勝する

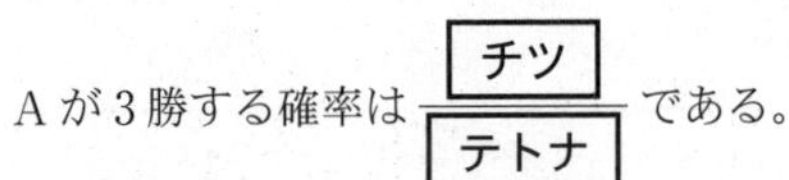
Ａが３勝する確率は $\dfrac{\boxed{チツ}}{\boxed{テトナ}}$ である。

また，(ⅰ)，(ⅱ)，(ⅲ)の起こる確率のうち最も大きいものは $\boxed{ニ}$ 。

$\boxed{ニ}$ の解答群

⓪ (ⅰ)	① (ⅱ)	② (ⅲ)	③ すべて等しい

東進　共通テスト実戦問題集

第2回

数学Ⅰ・数学A

（100点
70分）

Ⅰ　注　意　事　項

1　解答用紙に，正しく記入・マークされていない場合は，採点できないことがあります。特に，解答用紙の**解答科目欄にマークされていない場合又は複数の科目にマークされている場合は，0点**となることがあります。

2　試験中に問題冊子の印刷不鮮明，ページの落丁･乱丁及び解答用紙の汚れ等に気付いた場合は，手を高く挙げて監督者に知らせなさい。

3　問題冊子の余白等は適宜利用してよいが，どのページも切り離してはいけません。

4　**不正行為について**

①　不正行為に対しては厳正に対処します。

②　不正行為に見えるような行為が見受けられた場合は，監督者がカードを用いて注意します。

③　不正行為を行った場合は，その時点で受験を取りやめさせ退室させます。

5　試験終了後，問題冊子は持ち帰りなさい。

Ⅱ　解答上の注意

1　解答上の注意は，p.4に記載してあります。必ず読みなさい。

数学Ⅰ・数学Ａ

問題	選択方法
第１問	必　答
第２問	必　答
第３問	必　答
第４問	必　答

（下 書 き 用 紙）

第１問 （配点 30）

〔1〕

(1) 太郎さんと花子さんが $\sqrt{13+2\sqrt{42}}$ について話をしている。

太郎：$\sqrt{13+2\sqrt{42}}$ は二重根号だね。どうやって考えればよかったかな。

花子：「$(\sqrt{a}+\sqrt{b})^2=a+b+2\sqrt{ab}$」を使えばいいよ。

太郎：なるほど，ということは，$a+b=13$，$ab=42$ となる a，b を考えることにより $\sqrt{13+2\sqrt{42}}=\sqrt{\boxed{\text{ア}}}+\sqrt{\boxed{\text{イ}}}$ となるね。（ただし，$\boxed{\text{ア}}$，$\boxed{\text{イ}}$ の解答の順序は問わない）

花子：$n \leqq \sqrt{\boxed{\text{ア}}}+\sqrt{\boxed{\text{イ}}} < n+1$ となる整数 n について考えてみよう。

太郎：$\sqrt{\boxed{\text{ア}}}$ や $\sqrt{\boxed{\text{イ}}}$ の正確な値なんて覚えてないよ。

花子：確かにそうだね。その値を求めなくても，$13+2\sqrt{42}$ と n^2 の大小関係を比べればいいよ。

太郎：ということは $n=\boxed{\text{ウ}}$ となるとわかったよ。

（数学Ⅰ・数学Ａ第１問は次ページに続く。）

(2)　a を実数とし，次の２つの不等式について考える。

$x^2 - 4x + 1 < 0$ ……………………………… ①
$|x - a| \geqq \sqrt{5}$ ……………………………… ②

不等式①の解は $\boxed{エ} - \sqrt{\boxed{オ}} < x < \boxed{エ} + \sqrt{\boxed{オ}}$

(i)　$a = 1$ のとき，不等式①，②をともに満たす x の範囲は

$$\boxed{カ} + \sqrt{\boxed{キ}}\ \boxed{(あ)}\ x\ \boxed{(い)}\ \boxed{ケ} + \sqrt{\boxed{コ}}$$

となる。

$\boxed{(あ)}$，$\boxed{(い)}$ にあてはまる不等号の組合せとして正しいものは

$\boxed{ク}$ である。

$\boxed{ク}$ の解答群

	⓪	①	②	③
(あ)	$<$	$<$	$\leqq$	$\leqq$
(い)	$<$	$\leqq$	$<$	$\leqq$

（数学Ⅰ・数学Ａ第１問は次ページに続く。）

(ii) $a<0$ で，不等式②を満たす1桁の自然数がちょうど8個であるとき，a の満たす範囲は

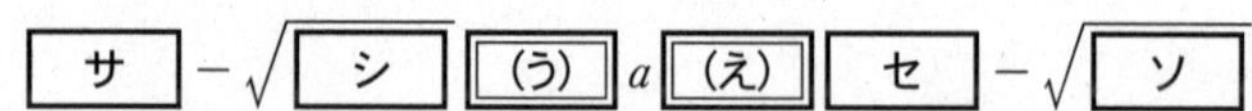

となる。

(う)，(え) にあてはまる不等号の組合せとして正しいものは ス である。

ス の解答群

	⓪	①	②	③
(う)	$<$	$<$	$\leqq$	$\leqq$
(え)	$<$	$\leqq$	$<$	$\leqq$

（数学Ⅰ・数学Ａ第１問は次ページに続く。）

(iii) 不等式①，②に関して次の2つの命題 A，B がある。

命題 A「$a=2$ ならば不等式①，②をともに満たす実数 x は存在しない」

命題 B「$a=3$ ならば不等式①，②をともに満たす整数 x は存在しない」

この2つの命題の真偽の組合せとして正しいものは タ である。

タ の解答群

	⓪	①	②	③
命題 A	真	真	偽	偽
命題 B	真	偽	真	偽

(数学Ⅰ・数学A第1問は次ページに続く。)

〔2〕 AB = 4, BC = 5, CA = 6 の△ABC があり，その外接円を O とする。

このとき

$$\cos B = \frac{\boxed{\text{チ}}}{\boxed{\text{ツ}}},\quad \triangle ABC = \frac{\boxed{\text{テト}}\sqrt{\boxed{\text{ナ}}}}{\boxed{\text{ニ}}}$$

である。∠ABC の二等分線と外接円 O の交点のうち，点 B と異なる点を D とすると，CD = $\boxed{\text{ヌ}}$ となる。

次に，四角形 ABCD を辺 AC に沿って△DAC が△ABC に垂直になるように折り曲げると，四面体 D - ABC ができる。

頂点 D から辺 AC に下ろした垂線と辺 AC の交点を E とすると，

DE = $\sqrt{\boxed{\text{ネ}}}$ となるので，四面体 D - ABC の体積は $\dfrac{\boxed{\text{ノハ}}}{\boxed{\text{ヒ}}}$ である。

（下 書 き 用 紙）

第２問 （配点 30）

〔1〕

(1) 太郎さんと花子さんは農業実習に向けて，40 m のロープで囲むことができる農地の面積について話をしている。ただし，農地は長方形に囲むものとし，正方形も長方形に含まれているとする。

太郎：１本のロープで農地を囲むとき，面積は最大でどれくらいになるかな。

花子：農地の縦の長さを x m として，農地の面積を求める式を立てて考えてみよう。

太郎：このとき，横の長さは［ア］m となるね。

花子：縦の長さが［イウ］m のとき，ロープで囲む農地の面積が最大となり，［エオカ］m^2 となるね。

［ア］の解答群

⓪ $40+x$　① $40-x$　② $20+x$　③ $20-x$

（数学Ｉ・数学Ａ第２問は次ページに続く。）

(2) 先生からの指示があり，農業実習ではＡ班とＢ班の２つの班に分かれて実習を行うこととなった。40 m のロープを各班に１本ずつ配る。また，農地は下の図のようになる。農具置き場は，縦が４m，横がＢ班と同じ長さの土地である。そのため，Ａ班の農地の縦の長さは，Ｂ班と比べて４m 長くすることとなった。ただし，Ａ班とＢ班の農地の境界では，ロープは重なっているものとする。

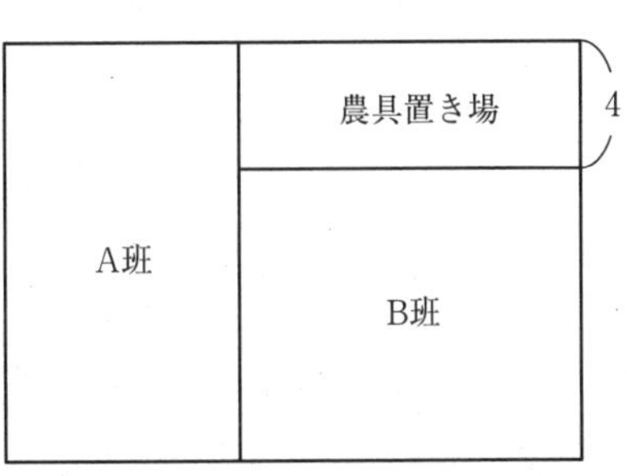

太郎：２つの班の面積の和が最大になるのはどんなときかな。

花子：まずは，Ａ班の農地の縦の長さを y m として，面積を求める式を立ててみよう。

太郎：２つの班の面積の和を y を用いて表すと，

$-$ **キ** y^2+ **クケ** $y-$ **コサ** m^2 だね。

花子：Ａ班の農地の縦の長さが **シス** m のとき，２つの班の面積の和が最大となり，その大きさは **セソタ** m^2 となるね。

（数学Ⅰ・数学Ａ第２問は次ページに続く。）

〔２〕

(1) 太郎さんと花子さんは，夏休みに課外活動の一環として中学生の勉強の指導をしている。その最終過程として，中学生に数学のテストを行った。

50 人がテストを受け，太郎さんが 30 人分，花子さんが 20 人分の採点を行った。

このテスト結果について，太郎さんと花子さんは話している。

太郎：僕の採点した結果，30 人の得点の平均値は 28 で，分散は 9 だったよ。

花子：私の採点した結果，20 人の得点の平均値は 48 で，分散は 30 だったよ。

太郎：ということは，50 人の得点の平均値は **チツ** だね。50 人の分散はどうなるかな。各個人の点数がないと求めるのは難しいのかな。

（数学Ⅰ・数学Ａ第２問は次ページに続く。）

花子：分散の出し方は２種類あるよ。

太郎：１つは偏差の２乗の平均値を出す方法だよね。

分散を s^2，平均値を $\overline{x}$ とおくと，

$$s^2=\frac{1}{n}\{(x_1-\overline{x})^2+(x_2-\overline{x})^2+(x_3-\overline{x})^2+\cdots+(x_n-\overline{x})^2\}$$

と表されるよ。

花子：そうだね。もう１つは得点の２乗の平均値から平均値の２乗を引く方法で，分散は

$$s^2=\frac{1}{n}(x_1^2+x_2^2+x_3^2+\cdots+x_n^2)-\overline{x}^2$$

と表すことができるよ。

太郎：その式もあったね。ということは，花子さんが採点した20人の得点の２乗の平均値は［テ］となるね。

花子：太郎さんが採点した30人の得点の２乗の平均値は［ト］だから，50人の得点の２乗の平均値は $\dfrac{［テ］\times 20+［ト］\times 30}{50}$ と計算できるね。

太郎：そうだね。これより，50人全員の分散は［ナニヌ］.［ネ］となるね。

［テ］，［ト］の解答群（同じものを繰り返し選んでもよい。）

⓪　948	①　2334	②　2274
③　775	④　793	⑤　109

（数学Ⅰ・数学Ａ第２問は次ページに続く。）

(2) 図1はある地域の3月における31日分の平均気温（横軸）と最高気温（縦軸）の散布図である。

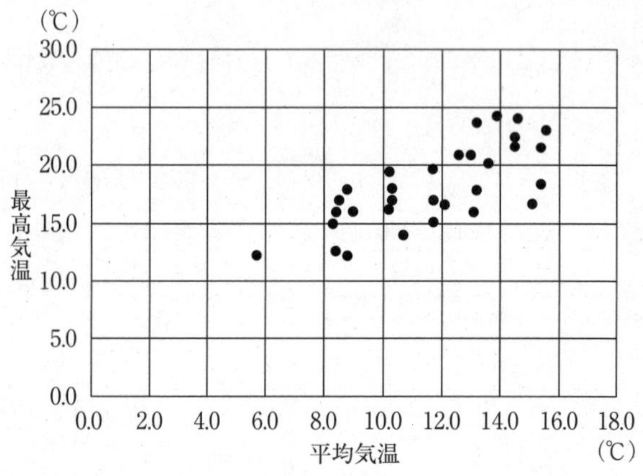

図1　ある地域の3月における31日分の平均気温と最高気温の散布図

次の⓪～⑤のうち，平均気温（横軸）と最低気温（縦軸）の散布図として矛盾しないものは［ノ］である。

（数学Ⅰ・数学A第２問は次ページに続く。）

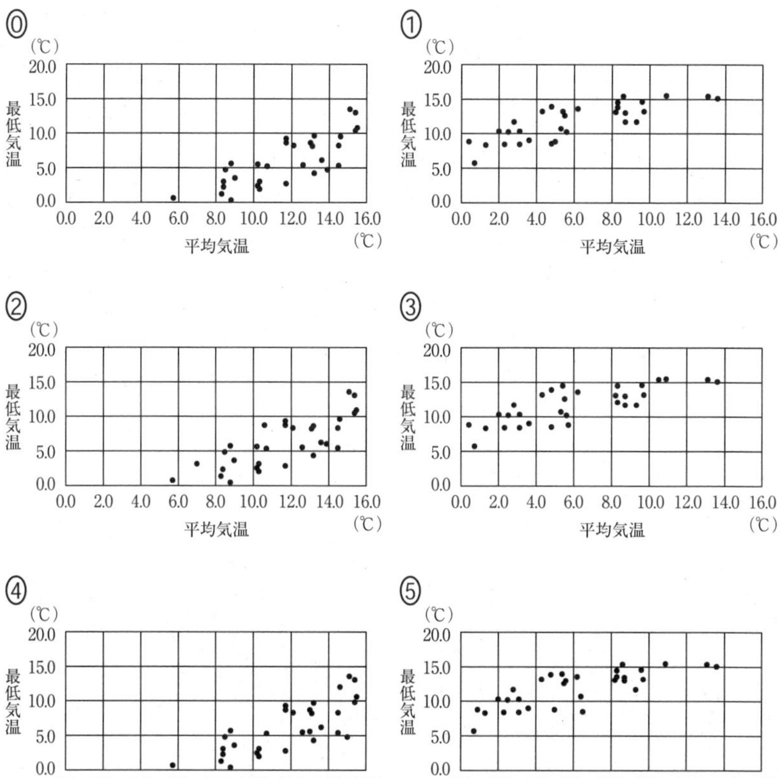

（数学Ⅰ・数学Ａ第２問は次ページに続く。）

次の⓪～③のうち，この地域における３月の最高気温の箱ひげ図として最も適当なものは ハ である。

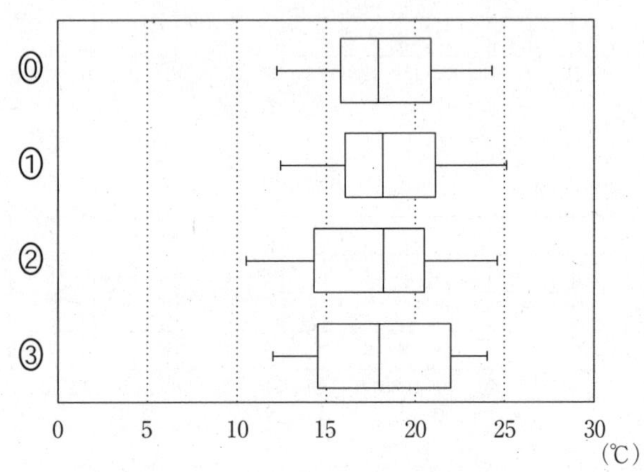

次の⓪～③のうち，図１の散布図から読み取れることとして正しいものは ヒ である。

ヒ の解答群

⓪ 平均気温と最高気温に相関関係はない。
① 平均気温の範囲は最高気温の範囲より大きい。
② 平均気温の第３四分位数は14℃より大きい。
③ 最高気温の最低値は平均気温の第１四分位数より大きい。

（下 書 き 用 紙）

第３問 （配点 20）

ある鋭角三角形 ABC の辺上にはない内部の点 D があり，直線 AD と辺 BC の交点を E とし，点 D を通り直線 AC に平行な直線と辺 AB，BC との交点をそれぞれ F，G とする。また，AF : AB $= a : 1$ $(0 < a < 1)$ である。

(1) 点 D が△ABC の重心である場合，点 E は

BE : EC = ［ア］ : ［イ］

を満たす点であり，線分 EG と線分 GC の長さの比は

EG : GC = ［ウ］ : ［エ］

となる。これより

$$a = \frac{\boxed{\text{オ}}}{\boxed{\text{カ}}}$$

とわかる。

（数学Ⅰ・数学Ａ第３問は次ページに続く。）

(2) △ABC は AB ＝ AC ＝ 4，BC ＝ 2 である二等辺三角形で，点 D を△ABC の内接円の中心とする。△ABC の内接円の半径を r とすると

$$r = \frac{\sqrt{\boxed{\text{キク}}}}{\boxed{\text{ケ}}}$$

となり，△DEG の面積を S_1，△DFA の面積を S_2 とすると，面積比は

$$S_1 : S_2 = \boxed{\text{コ}} : \boxed{\text{サ}}$$

となる。

（数学Ⅰ・数学A第３問は次ページに続く。）

(3) △ABCは1辺の長さが6の正三角形であるとし，点Dは△ABCの重心とする。このとき，辺ABの点Aを超える延長線上に点Pをとり，辺BCの点Cを超える延長線上に点Qをとる。

∠CAPの二等分線と∠ACQの二等分線の交点をIとし，点Iから半直線BCに垂線IHを下ろす。このとき四角形AEHIは［シ］であり，その面積は［スセ］$\sqrt{［ソ］}$となる。

また，△ABCの内接円と辺ACとの接点をJとすると

BD：DJ：JI＝［タ］：［チ］：［ツ］

とわかることから，△ABCの内接円と点Iを中心とした半径IHの円の共通接線は［テ］本引くことができる。

［シ］の解答群

⓪ 正方形	① 正方形ではない長方形	② 正方形ではないひし形

（下 書 き 用 紙）

第４問 （配点 20）

(1) 1～10までの数字が書かれたカードが1枚ずつあり，そこから無作為に2枚取り出す。取り出した数字が連続していたらそこで終了とする。連続していない場合は，1枚だけを残して，残りの8枚から再度1枚取り出すとする。ただし，最初に引いた2枚に1または10のカードがあるときは，1または10のカードを優先して捨てて，他のカードを残すことにする。再度1枚取り出したとき，2枚が連続していたらそこで終了とする。

これについて，太郎さんと花子さんが話している。以下，取り出した2枚のカードに書かれた数が a，b であることを（a，b）で表す（$a < b$）。

太郎：1回目で終了する確率は $\dfrac{\boxed{ア}}{\boxed{イ}}$ だね。

花子：ちょうど2回目で終了する確率を考えてみよう。

太郎：1回目にどんなカードを引いたかで確率が変わってくるね。

花子：1回目に（1，10）を引いて2回目で終了する確率は $\dfrac{\boxed{ウ}}{\boxed{エオカ}}$ だね。

太郎：1回目に（1，10）以外を引いて2回目で終了する確率は $\dfrac{\boxed{キ}}{\boxed{クケ}}$ だ。

ということは，ちょうど2回目で終了する確率は $\dfrac{\boxed{コサ}}{\boxed{シスセ}}$ となるね。

（数学Ⅰ・数学A第４問は次ページに続く。）

(2)

花子：カードの枚数が変わっても同じ考え方で計算できそうだね。n を3以上の整数として，1～n までの数字が書かれた n 枚のカードで同じように考えてみよう。

太郎：1回目で終了する確率は $\dfrac{\boxed{ソ}}{\boxed{タ}}$ だね。

花子：ちょうど2回目で終了する確率を考えてみよう。「最初に引いた2枚に1または n のカードがあるときは，1または n のカードを優先して捨てて，他のカードを残す」とすると，1回目に $(1,\ n)$ を引いて2回目で終了する確率は $\dfrac{\boxed{チ}}{\boxed{ツ}}$ となるね。

太郎：同様に考えると，1回目に $(1,\ n)$ 以外を引いて2回目で終了する確率は $\dfrac{\boxed{テ}}{\boxed{ト}}$ となるよ。

$\boxed{タ}$，$\boxed{ツ}$～$\boxed{ト}$ の解答群（同じものを繰り返し選んでもよい。）

⓪ n	① $n-1$
② $n-3$	③ $2n$
④ $2(n-3)$	⑤ $n(n-1)$
⑥ $2n(n-1)$	⑦ $(n-1)(n-2)$
⑧ $n(n-1)(n+1)$	⑨ $n(n-1)(n-2)$

（数学Ⅰ・数学Ａ第４問は次ページに続く。）

(3) 続いて，(1)の１～10までの数字の書かれた10枚のカードから，無作為に３枚を取り出すとする。取り出した３枚のうち，どの２枚も連続していない場合について太郎さんと花子さんが話している。

太郎：連続していない場合を一つ一つ考えるのは大変だね。

花子：そうだね。余事象で考えた方がよさそう。

太郎：３枚すべてが連続しているのは［ナ］通りだよ。

花子：次は２枚だけが連続している場合を考えよう。1，2を引いて，残りの１枚が連続しない数字の場合は［ニ］通りあるね。

太郎：2，3を引いて，残りの１枚が連続しない数字の場合は［ヌ］通りとなるよ。

花子：ということは，取り出した３枚のうち，どの２枚も連続していない確率は $\dfrac{\boxed{ネ}}{\boxed{ノハ}}$ だね。

第3回

数学Ⅰ・数学A

（100点
70分）

Ⅰ　注　意　事　項

1　解答用紙に，正しく記入・マークされていない場合は，採点できないことがあります。特に，解答用紙の**解答科目欄にマークされていない場合又は複数の科目にマークされている場合は，0点**となることがあります。

2　試験中に問題冊子の印刷不鮮明，ページの落丁・乱丁及び解答用紙の汚れ等に気付いた場合は，手を高く挙げて監督者に知らせなさい。

3　問題冊子の余白等は適宜利用してよいが，どのページも切り離してはいけません。

4　**不正行為について**

①　不正行為に対しては厳正に対処します。

②　不正行為に見えるような行為が見受けられた場合は，監督者がカードを用いて注意します。

③　不正行為を行った場合は，その時点で受験を取りやめさせ退室させます。

5　試験終了後，問題冊子は持ち帰りなさい。

Ⅱ　解答上の注意

1　解答上の注意は，p.4に記載してあります。必ず読みなさい。

数学Ⅰ・数学A

問　題	選 択 方 法
第1問	必　　答
第2問	必　　答
第3問	必　　答
第4問	必　　答

（下 書 き 用 紙）

第1問 (配点 30)

〔1〕 太郎さんと花子さんは放課後のコンピュータ室で，宿題をした後に，春に行く遠足について話している。

(1)

太郎：今日の数学の授業では，整数部分と小数部分の表し方を学んだね。
花子：与えられた実数を，整数部分と小数部分に分けることができるということだったね。3.62 などの有限小数なら，整数部分は 3，小数部分は 0.62 と簡単にわかるのだけど，無理数の場合はどう考えるのだったかな。
太郎：例えば，円周率の π だと 3.1415…と小数点以下は規則性がなくずっと続いていくから，小数部分はそのままの数字では表せないよ。この場合，整数部分は［ア］で，小数部分は［イ］と表すよ。

［ア］，［イ］の解答群（同じものを繰り返し選んでもよい。）

⓪ 0	① 1	② 2	③ 3	④ 4
⑤ π	⑥ $\pi - 3$	⑦ $3 - \pi$	⑧ $\pi - 4$	⑨ $4 - \pi$

(数学Ⅰ・数学A第1問は次ページに続く。)

(2)

太郎：じゃあ，今日の**宿題**を終わらせて遠足の計画を立てよう。

花子：そうね。早速**宿題**に取り組もう。

宿題 $\dfrac{1}{4-\sqrt{15}}$ の整数部分を a，小数部分を b とするとき，

$a=$ ［ウ］，$b=$ ［エ］，$b^2+6b=$ ［オ］

である。

［エ］の解答群

⓪ $\sqrt{15}-1$	① $1-\sqrt{15}$	② $\sqrt{15}-2$	③ $2-\sqrt{15}$
④ $\sqrt{15}-3$	⑤ $3-\sqrt{15}$	⑥ $\sqrt{15}-4$	⑦ $4-\sqrt{15}$

(数学Ⅰ・数学A第１問は次ページに続く。)

(3)

太郎：**宿題**は終わったから遠足の計画を立てよう。

花子：目的地のAAA動物園のホームページを見てみたら，料金シミュレーションができるページがあったから使ってみようよ。

AAA動物園のホームページ画面

AAA動物園

入場料金シミュレーション

○基本入場料金

大人：800円

子ども（高校生以下）：500円

○団体料金（50人以上）

大人：750円

子ども（高校生以下）：450円

下の［　　　］に人数を入れると，［　　　］に入場料金を表示します。

大人：［　　　］人

子ども（中学生以下）：［　　　］人

入場料金：［　　　］円

（数学Ⅰ・数学A第１問は次ページに続く。）

太郎：例えば，大人3人，子ども10人と入力してみよう。

花子：7400円と出たわ。大人3人で $800 \times 3 = 2400$（円）と，子ども10人で $500 \times 10 = 5000$（円）なので，合計の7400円だね。

太郎：子どもだけで考えると，何人以上になれば団体料金にした方が安くなるのかな。

花子：不等式を利用して計算すると，50人未満でも，**カキ** 人以上なら，理論上は50人の団体料金で入場した方が安くなるし，カキ −1人のときは50人の団体料金で入場したときと同じ料金になることがわかるよ。

太郎：大人が混ざったらどうなるのだろう。子どもと大人の合計人数が50人のときを考えよう。団体料金を適用する場合，割引率を考えると，**ク** になるね。

花子：次に，クラスで訪れたい動物ゾーンのアンケートもとったので，これに目を通してみよう。

下の表はクラスで訪れたい動物ゾーンのアンケート調査の結果である。

	肉食動物ゾーン	草食動物ゾーン
男子(13人)	13人	0人
女子(12人)	6人	6人

（数学Ⅰ・数学A第1問は次ページに続く。）

ク の解答群

⓪ 子どもの方が割引率は高いので，大人が混ざるより子どもだけの方が割引率で考えると得
① 子どもの方が割引率は高いので，大人が混ざる方が子どもだけのときよりも割引率で考えると得
② 大人の方が割引率は高いので，大人が混ざるより子どもだけの方が割引率で考えると得
③ 大人の方が割引率は高いので，大人が混ざる方が子どもだけのときよりも割引率で考えると得

⑷ 訪れたい動物ゾーンのアンケート調査の結果について考える。

ある生徒について，

条件 p：その生徒が訪れたいのは肉食動物ゾーンである

条件 q：その生徒は男子生徒である

とする。このとき，ケ。

ケ の解答群

⓪ p は q であるための必要十分条件である
① p は q であるための必要条件であるが，十分条件でない
② p は q であるための十分条件であるが，必要条件でない
③ p は q であるための必要条件でも十分条件でもない

（数学Ⅰ・数学Ａ第１問は次ページに続く。）

〔2〕 太郎さんと花子さんは，授業で習った三角比について話している。

太郎：今日は三角形の面積の公式を習ったね。それは次のようなものだったよ。

『△ABC の辺 BC，CA，AB の長さをそれぞれ a，b，c とし，$\angle$CAB，$\angle$ABC，$\angle$BCA の大きさをそれぞれ A，B，C としたとき，△ABC の面積 S は

$$S=\frac{1}{2}bc\sin A=\frac{1}{2}ca\sin B=\frac{1}{2}ab\sin C$$

である』

花子：これは小学校で習った「(底辺)×(高さ)÷2」と考え方は同じだね。右図のように，△ABC において，頂点Cから辺 AB に垂線 CH を下ろして，AB を底辺，CH を高さと考えればいいよ。

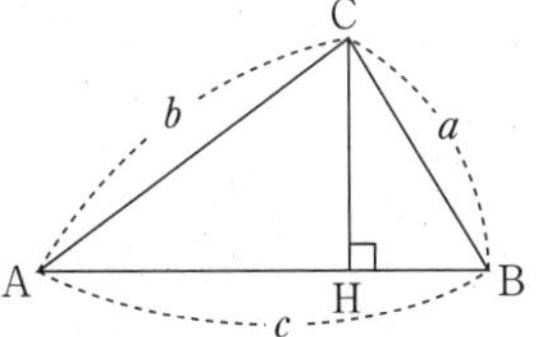

(1) 上図の鋭角三角形 ABC において，線分 CH の長さは [コ] と表せる。

[コ] の解答群

⓪ $b\cos A$	① $b\sin A$	② $c\cos A$	③ $c\sin A$

(数学Ⅰ・数学Ａ第１問は次ページに続く。)

(2) 太郎さんと花子さんは，**宿題**について考えている。

> **宿題** 円に内接する四角形 ABCD において，AB ＝ BC ＝ 2，
> CD ＝ 5，DA ＝ 4 とする。
>
> **問１** 線分 AC の長さと $\cos\angle\mathrm{ABC}$ の値を求めよ。
>
> **問２** 四角形 ABCD の面積 S を求めよ。
>
> **問３** 対角線 AC と BD の交点を P とし，$\angle\mathrm{APB}=\theta$ とするとき，
> $\sin\theta$ の値を求めよ。

(i) **宿題の問１**について，

$$\mathrm{AC}=\frac{\boxed{\text{サ}}\sqrt{\boxed{\text{シ}}}}{\boxed{\text{ス}}},\quad \cos\angle\mathrm{ABC}=\frac{-\boxed{\text{セソ}}}{\boxed{\text{タチ}}}$$

(ii) **宿題の問２**について，

$$S=\frac{\boxed{\text{ツ}}\sqrt{\boxed{\text{テト}}}}{\boxed{\text{ナ}}}$$

（数学Ⅰ・数学Ａ第１問は次ページに続く。）

(iii)

太郎：**問3**はどうやって解くのかな。

花子：そういえば，授業で先生が「四角形 ABCD の面積は，

$\frac{1}{2} \times \mathrm{AC} \times \mathrm{BD} \times \sin\theta$ で求められる」と言っていたよ。

太郎：でも，四角形の面積がどうしてそんな式で表せるのだろう…。

花子：四角形 ABCD の面積を 4 つの三角形に分割して考えていたよ。

<花子さんのノート>

$$
\begin{aligned}
(\text{四角形 ABCD}) &= \triangle\mathrm{PAB} + \triangle\mathrm{PBC} + \triangle\mathrm{PCD} + \triangle\mathrm{PDA} \\
&= \frac{1}{2}\mathrm{PA}\cdot\mathrm{PB}\sin\theta + \frac{1}{2}\mathrm{PB}\cdot\mathrm{PC}\sin(180^\circ - \theta) \\
&\quad + \frac{1}{2}\mathrm{PC}\cdot\mathrm{PD}\sin\theta + \frac{1}{2}\mathrm{PD}\cdot\mathrm{PA}\sin(180^\circ - \theta) \\
&= \frac{1}{2}\mathrm{PA}\cdot\mathrm{PB}\sin\theta + \frac{1}{2}\mathrm{PB}\cdot\mathrm{PC}\sin\theta \\
&\quad + \frac{1}{2}\mathrm{PC}\cdot\mathrm{PD}\sin\theta + \frac{1}{2}\mathrm{PD}\cdot\mathrm{PA}\sin\theta \\
&= \frac{1}{2}(\mathrm{PA} + \mathrm{PC})(\mathrm{PB} + \mathrm{PD})\sin\theta \\
&= \frac{1}{2} \times \mathrm{AC} \times \mathrm{BD} \times \sin\theta
\end{aligned}
$$

太郎：本当だ！　先生の言っていた式が成り立つね。

そうすれば，$\mathrm{BD} \times \sin\theta =$ [ニ] となるから，BD の長さがわかれば，$\sin\theta$ の値も出せるよ。

[ニ] の解答群

⓪ $\frac{\sqrt{15}}{4}$	① $\frac{\sqrt{15}}{2}$	② $\frac{3\sqrt{10}}{2}$	③ $\frac{9\sqrt{15}}{8}$
④ $\frac{\sqrt{30}}{4}$	⑤ $\frac{5\sqrt{30}}{4}$	⑥ $\frac{3\sqrt{30}}{2}$	⑦ $\frac{9\sqrt{30}}{8}$

第2問 （配点　30）

〔1〕 ●●商店街では，年に一度のお祭りで商店街のオリジナルトレーナーを企画し，販売する計画を立てている。利益ができるだけ大きくなるような販売価格を決定するために，次のように考えることにした。ただし，費用や価格はすべて消費税込みの金額であるとする。

(i) トレーナーの1枚あたりの製作費用は800円とする。また，製作枚数は(ii)における予想販売数とする。

(ii) 販売数を予想するため，購入希望者にアンケートをとったところ，1枚あたりの販売価格が800円のとき販売数は320枚で，販売価格が1600円までは10円上がるごとに販売数は1枚ずつ減り，販売価格が1600円を超えると10円上がるごとに販売数は2枚減るという予想が得られた。

(iii) 売上額は

(売上額)＝(トレーナー1枚の販売価格)×(販売数)

と表せる。また，利益は

(利益)＝(売上額)－(製作費用の合計)

で求めることができる。

以下では，トレーナー1枚の販売価格をx円（xは$800 < x < 2800$を満たす整数で，xは10の倍数）とし，(ii)における予想販売数を実際の販売数とみなして，売上額，利益を計算するものとする。

（数学Ⅰ・数学A第2問は次ページに続く。）

(1)　(ii)における予想販売数を y 枚とすると，y は x の関数で表される。

$800 < x \leqq 1600$ のとき

$$y = -\frac{1}{\boxed{\text{ア}}}x + \boxed{\text{イ}}$$

$1600 < x < 2800$ のとき

$$y = -\frac{1}{\boxed{\text{ウ}}}x + \boxed{\text{エ}}$$

と表せる。

よって，販売価格が x 円のときの利益を $P(x)$ 円とすると，

$800 < x \leqq 1600$ のとき

$$P(x) = \left(-\frac{1}{\boxed{\text{ア}}}x + \boxed{\text{イ}}\right)\left(x - \boxed{\text{オ}}\right)$$

$1600 < x < 2800$ のとき

$$P(x) = \left(-\frac{1}{\boxed{\text{ウ}}}x + \boxed{\text{エ}}\right)\left(x - \boxed{\text{オ}}\right)$$

となる。

$\boxed{\text{ア}}$ ～ $\boxed{\text{オ}}$ の解答群（同じものを繰り返し選んでもよい。）

⓪ 2	① 3	② 5	③ 7	④ 10
⑤ 400	⑥ 520	⑦ 560	⑧ 720	⑨ 800

(2)　利益が最大となるときの販売価格は $\boxed{\text{カキクケ}}$ 円である。

（数学Ⅰ・数学Ａ第２問は次ページに続く。）

〔２〕 太郎さんと花子さんと健太さんと明子さんの４人は，先日クラスで行われた 10 点満点の英語と数学の小テストの結果について話している。次の表は，４人の小テストの結果をまとめたものである。

	太郎	花子	健太	明子
英語	8	7	6	7
数学	8	10	6	8

(1) ４人の英語の点数の平均値は［コ］で，分散は［サ］である。４人の数学の点数の平均値は 8 で，分散は［シ］である。

［サ］，［シ］の解答群（同じものを繰り返し選んでもよい。）

⓪ − 2.00　① − 1.00　② − 0.50　③ − 0.25
④ 0.25　⑤ 0.50　⑥ 1.00　⑦ 2.00

（数学Ⅰ・数学Ａ第２問は次ページに続く。）

(2)

太郎：4 人のデータの平均値と分散についてはわかったね。

花子：ここから共分散を求めて，英語と数学の相関係数を計算すると［ス］になるよ。

明子：相関係数は，データの組が直線に沿って分布する程度を表す値だね。

健太：だから，データが 2 組しかない場合の相関係数は散布図を見るとすぐにわかるよ。

花子：そうだね。例えば，太郎さんと私の 2 人の英語と数学の相関係数は［セ］，健太さんと明子さんの 2 人の英語と数学の相関係数は［ソ］であることがわかるね。

太郎：データが 3 組になっても，相関係数が正なのか負なのかくらいはわかるかな。

明子：4 人のうち 3 人のデータで散布図をかくと，英語と数学の相関係数が負になりそうなのは 1 組だけだよ。

［ス］～［ソ］の解答群（同じものを繰り返し選んでもよい。）

⓪ -2.00	① -1.50	② -1.00	③ -0.50	④ 0
⑤ 0.50	⑥ 1.00	⑦ 1.50	⑧ 2.00	

（数学Ⅰ・数学Ａ第２問は次ページに続く。）

(3) 4人のうち3人のデータを使って英語と数学の相関係数を求めたとき，その値が唯一負になるのは，[タ]の3人の場合である。

[タ]の解答群

⓪ 太郎，花子，健太	① 太郎，花子，明子
② 太郎，健太，明子	③ 花子，健太，明子

(4) 相関係数についての記述として正しいものは，[チ]である。

[チ]の解答群

⓪ 共分散の絶対値が大きいほど，相関係数の値も大きくなる。

① 共分散の絶対値が大きいほど，相関係数の値は小さくなる。

② 共分散が正のとき相関係数も正となり，共分散が負のとき相関係数も負となる。

③ 共分散が正のとき相関係数は負となり，共分散が負のとき相関係数は正となる。

(数学Ⅰ・数学A第2問は次ページに続く。)

(5) 英語と数学の小テストの得点を100点満点に換算すると，[ツ]。

[ツ] の解答群

⓪ 英語と数学の分散がそれぞれ10倍となり，共分散も10倍となるので，相関係数も10倍となる

① 英語と数学の分散がそれぞれ100倍となり，共分散も100倍となるので，相関係数は100倍となる

② 英語と数学の分散がそれぞれ100倍となり，共分散も100倍となるので，相関係数は変わらない

③ 英語と数学の分散は変わらず，共分散も変わらないので，相関係数は変わらない

第３問 （配点　20）

太郎さんと花子さんは，授業で出された**課題**について考えている。

(1)

課題１　△ABC があり，２点 D，E をそれぞれ辺 AB 上，AC 上に AD : DB = 3 : 1，AE : EC = 3 : 2 となるようにとる。また，線分 CD と線分 BE の交点を F とし，直線 AF と辺 BC の交点を G とする。

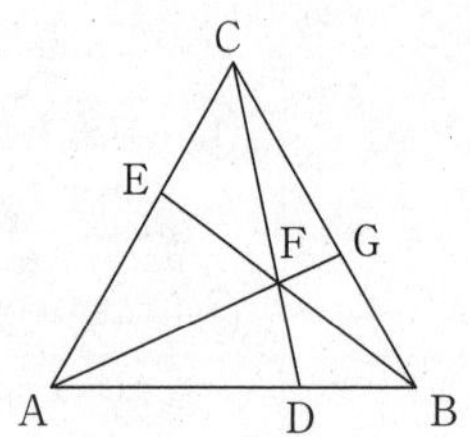

問１　$\dfrac{\mathrm{BG}}{\mathrm{CG}}$ の値を求めよ。

問２　$\dfrac{\mathrm{FG}}{\mathrm{AF}}$ の値を求めよ。

問３　△CEF の面積を S_1，△ADF の面積を S_2 とする。$\dfrac{S_1}{S_2}$ の値を求めよ。

（数学Ⅰ・数学A第３問は次ページに続く。）

太郎さんによる課題１の解答

問１　チェバの定理より，［ア］であるから

$$\frac{\text{BG}}{\text{CG}}=\frac{\boxed{イ}}{\boxed{ウ}}$$

問２　メネラウスの定理より，［エ］であるから

$$\frac{\text{FG}}{\text{AF}}=\frac{\boxed{オ}}{\boxed{カ}}$$

問３　△ABC の面積を S とすると，**問１**，**問２** で出した比を用いて

$$S_1=\frac{\boxed{キク}}{\boxed{ケコ}}S,\ S_2=\frac{\boxed{サ}}{\boxed{シス}}S$$ となるので，

$$\frac{S_1}{S_2}=\frac{\boxed{セソ}}{\boxed{タチ}}$$

［ア］，［エ］の解答群（同じものを繰り返し選んでもよい。）

⓪ $\frac{\text{AB}}{\text{BC}}\times\frac{\text{CA}}{\text{AD}}\times\frac{\text{DB}}{\text{BC}}=1$　① $\frac{\text{AD}}{\text{DB}}\times\frac{\text{BG}}{\text{GC}}\times\frac{\text{CE}}{\text{EA}}=1$

② $\frac{\text{AB}}{\text{BC}}\times\frac{\text{CA}}{\text{AD}}\times\frac{\text{DB}}{\text{BC}}=\frac{1}{2}$　③ $\frac{\text{AD}}{\text{DB}}\times\frac{\text{BG}}{\text{GC}}\times\frac{\text{CE}}{\text{EA}}=\frac{1}{2}$

④ $\frac{\text{AD}}{\text{DB}}\times\frac{\text{BC}}{\text{CG}}\times\frac{\text{GF}}{\text{FA}}=1$　⑤ $\frac{\text{AD}}{\text{DB}}\times\frac{\text{BC}}{\text{CG}}\times\frac{\text{GF}}{\text{FA}}=\frac{1}{2}$

（数学Ⅰ・数学A第３問は次ページに続く。）

(2)

課題２ 右の図に含まれる４つの三角形，△ABE，△ADC，△BFD，△CEF の外接円はある一点で交わることを示せ。

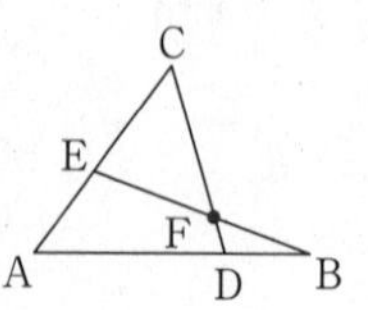

花子さんによる課題２の解答

△BFD の外接円を C_1，△CEF の外接円を C_2 とする。

右の図のように，C_1 と C_2 の交点で F 以外の点を P とする。

外接円 C_1 において，円周角の定理より

$\angle \mathrm{BDP} = \angle \mathrm{B}$［ツ］ ……………… ①

四角形 EFPC は円 C_2 に内接するので

$\angle \mathrm{B}$［ツ］$= \angle \mathrm{E}$［テ］ ……………………… ②

したがって，①，②より４点［ト］は同一円周上にある。

また，外接円 C_2 において，円周角の定理より

$\angle \mathrm{C}$［ナ］$= \angle \mathrm{CFP}$ ……………………… ③

四角形 DBPF は円 C_1 に内接するので

$\angle \mathrm{CFP} = \angle \mathrm{D}$［ニ］ ……………………… ④

したがって，③，④より，４点［ヌ］は同一円周上にある。

以上より，４つの三角形，△ABE，△ADC，△BFD，△CEF の外接円は点 P で交わるとわかる。

（数学Ⅰ・数学A第３問は次ページに続く。）

ツ , テ , ナ , ニ の解答群（同じものを繰り返し選んでもよい。）

⓪ EP	① PE	② BP	③ PB
④ CP	⑤ PC	⑥ FP	⑦ PF

ト , ヌ の解答群（同じものを繰り返し選んでもよい。）

⓪ A，D，P，C	① A，B，P，E
② A，F，P，C	③ A，B，C，F

第4問 （配点 20）

ある臓器にできる腫瘍（しゅよう）Aについて，研究が行われている。腫瘍Aの有無や種類と，腫瘍Aに関する検査の結果について，様々な条件での確率を考えよう。

ある臓器にできる腫瘍Aについての研究結果

(i) 腫瘍Aには悪性と良性の2つの型があり，同時に両方ができることはない。

(ii) 腫瘍Aがある人とない人の割合は5％と95％であり，腫瘍Aがある人のうち，悪性である人の数は5分の1である。つまり，(悪性の人)：(良性の人)＝1：4である。

(iii) 腫瘍Aには，腫瘍Aが存在するかどうかの検査マーカー（検査Bとよぶ）が開発されており，次のような事実がある。

① 良性の腫瘍Aがある人に検査Bを使用すると，60％の確率で腫瘍Aが存在すると判定される。

② 悪性の腫瘍Aがある人に検査Bを使用すると，95％の確率で腫瘍Aが存在すると判定される。

③ 腫瘍Aがない人に検査Bを使用すると，5％の確率で腫瘍Aが存在すると判定される。

以下，腫瘍Aが存在するかどうかの検査Bを行い，存在すると判定された場合を「陽性」，存在しないと判定された場合を「陰性」とよぶことにする。

（数学Ⅰ・数学A第4問は次ページに続く。）

(1)　ある人が腫瘍 A を持っている人である確率は ア である。また，悪性の腫瘍 A を持っている人である確率は， イ である。

ア ， イ の解答群（同じものを繰り返し選んでもよい。）

⓪ $\frac{1}{100}$	① $\frac{1}{50}$	② $\frac{3}{100}$	③ $\frac{1}{25}$	④ $\frac{1}{20}$
⑤ $\frac{99}{100}$	⑥ $\frac{49}{50}$	⑦ $\frac{97}{100}$	⑧ $\frac{24}{25}$	⑨ $\frac{19}{20}$

(2)　検査 B を受けた人が「腫瘍 A がない」かつ「陽性と判定される」確率は $\frac{\text{ウエ}}{\text{オカキ}}$ である。

また，検査 B を受けた人が「良性の腫瘍 A がある」かつ「陽性と判定される」確率は $\frac{\text{ク}}{\text{ケコサ}}$ であり，「悪性の腫瘍 A がある」かつ「陽性と判定される」確率は $\frac{\text{シス}}{\text{セソタチ}}$ である。

以上のことから，検査 B を受けた人が「陽性と判定される」確率は $\frac{\text{ツテ}}{1000}$ である。

（数学Ⅰ・数学A第４問は次ページに続く。）

(3) 太郎さんと花子さんは研究結果について話している。

太郎：腫瘍Aの検査をして陽性と判定されても，確実に悪性の腫瘍Aがあるとは限らないし，陰性と判定が出ても安心はできないね。

花子：医療の発展に期待したいね。

太郎：検査Bを受けた人が陽性と判定された場合に，本当に悪性の腫瘍Aがある確率や，陰性と判定された場合でも悪性の腫瘍Aがある確率は一体どれくらいなのだろう。

花子：条件付き確率を用いて計算してみると求められそうだね。

検査Bを受けた人が「陽性」と判定されたときに，実際は「悪性の腫瘍Aがある」人である条件付き確率は $\dfrac{\boxed{\text{トナ}}}{\boxed{\text{ニヌネ}}}$ である。

また，検査Bを受けた人が「陰性」と判定されたときに，実際は「悪性の腫瘍Aがある」人である条件付き確率は $\dfrac{1}{\boxed{\text{ノハヒフ}}}$ である。

東進　共通テスト実戦問題集

第4回

数学I・数学A

（100点
70分）

I　注　意　事　項

1　解答用紙に，正しく記入・マークされていない場合は，採点できないことがあります。特に，解答用紙の**解答科目欄にマークされていない場合又は複数の科目にマークされている場合は，0点**となることがあります。

2　試験中に問題冊子の印刷不鮮明，ページの落丁･乱丁及び解答用紙の汚れ等に気付いた場合は，手を高く挙げて監督者に知らせなさい。

3　問題冊子の余白等は適宜利用してよいが，どのページも切り離してはいけません。

4　**不正行為について**

①　不正行為に対しては厳正に対処します。

②　不正行為に見えるような行為が見受けられた場合は，監督者がカードを用いて注意します。

③　不正行為を行った場合は，その時点で受験を取りやめさせ退室させます。

5　試験終了後，問題冊子は持ち帰りなさい。

II　解答上の注意

1　解答上の注意は，p.4に記載してあります。必ず読みなさい。

数学Ⅰ・数学A

問 題	選 択 方 法
第１問	必 答
第２問	必 答
第３問	必 答
第４問	必 答

（下 書 き 用 紙）

第1問 （配点 30）

〔1〕 xを実数とし，関数

$$f(x)=\sqrt{x^2}+\sqrt{x^2+4x+4}-\sqrt{x^2-2x+1}$$

について考える。

一般に，aを実数とするとき

$$\sqrt{a^2}=\boxed{\text{ア}}$$

であるから

(i) $x \geqq 1$のとき

$$f(x)=x+\boxed{\text{イ}}$$

(ii) $0 \leqq x < 1$のとき

$$f(x)=\boxed{\text{ウ}}x+\boxed{\text{エ}}$$

(iii) $-2 \leqq x < 0$のとき

$$f(x)=x+\boxed{\text{オ}}$$

(iv) $x < -2$のとき

$$f(x)=-x-\boxed{\text{イ}}$$

となる。

$\boxed{\text{ア}}$の解答群

⓪ a	① $-a$	② $\lvert a \rvert$

（数学Ⅰ・数学A第1問は次ページに続く。）

(1) $y=f(x)$ のグラフの概形として最も適当なものは **カ** である。

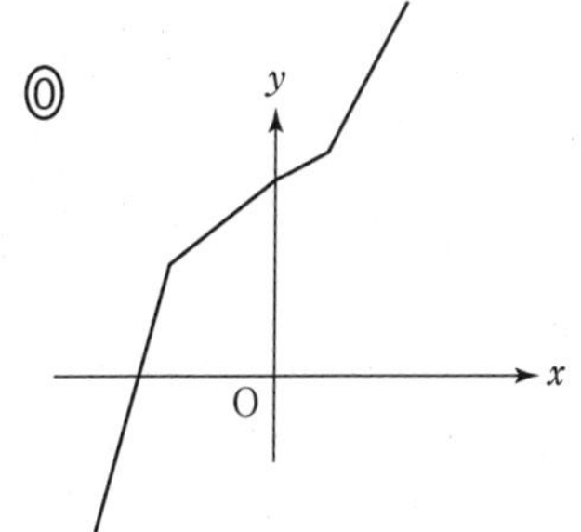

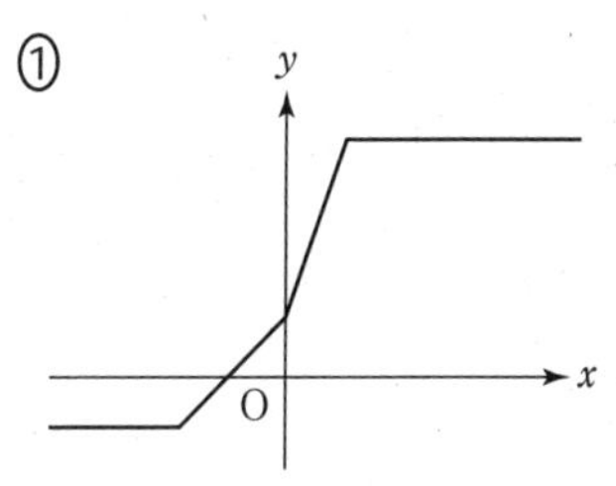

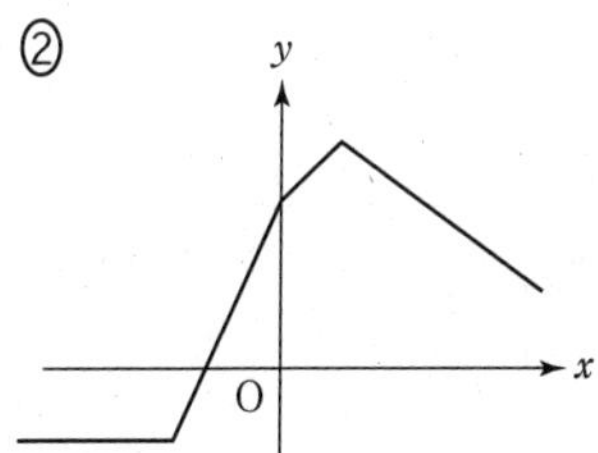

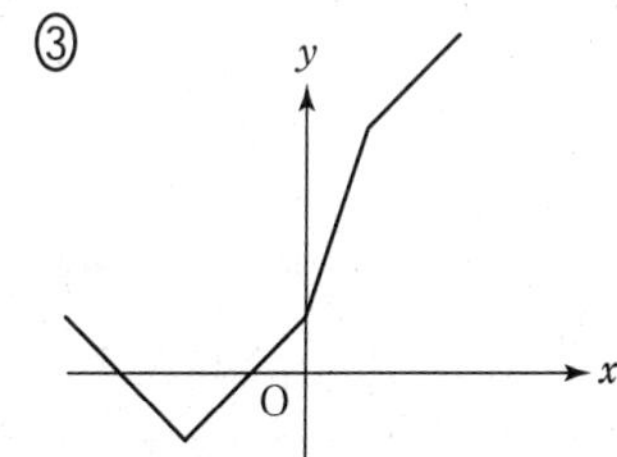

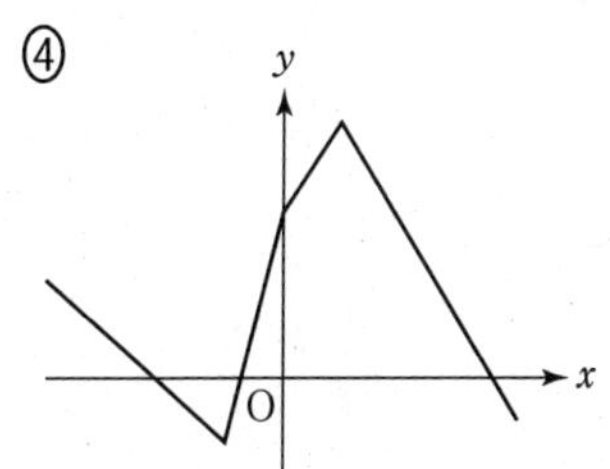

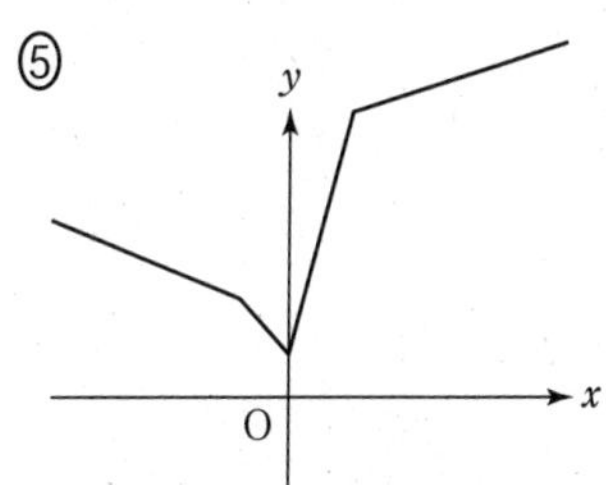

(数学Ⅰ・数学A第１問は次ページに続く。)

(2) 不等式 $f(x) \leqq 2$ の解は

$$-\boxed{\text{キ}} \leqq x \leqq \frac{\boxed{\text{ク}}}{\boxed{\text{ケ}}}$$

である。

(3) k を定数とする。不等式 $f(x) \leqq k$ が実数解をもつことは，$f(x) \leqq k$ が整数解をもつための $\boxed{\text{コ}}$ 。

$\boxed{\text{コ}}$ の解答群

⓪ 必要条件ではあるが，十分条件ではない

① 十分条件ではあるが，必要条件ではない

② 必要条件でも十分条件でもない

③ 必要十分条件である

（数学Ⅰ・数学Ａ第１問は次ページに続く。）

〔2〕 △ABC の外心を O とし，O から辺 BC，CA，AB に垂線を引いて，外接円との交点をそれぞれ D，E，F とする。

(1) $AB = 4$，$AC = 2\sqrt{6}$，$\angle ABC = 60°$ のとき

$$BC = \boxed{サ} + \boxed{シ}\sqrt{\boxed{ス}}, \quad \angle ACB = \boxed{セソ}°$$

であり，△ABC の外接円の半径は $\boxed{タ}\sqrt{\boxed{チ}}$，△ABC の面積は $\boxed{ツ} + \boxed{テ}\sqrt{\boxed{ト}}$ である。

次に，六角形 AFBDCE の面積を求める。四角形 OBDC において，対角線 OD と BC が直交することから，その面積を求めると，$\boxed{ナ}$ となる。同様に，四角形 OCEA，四角形 OAFB の面積も求めることができるので，六角形 AFBDCE の面積は $\boxed{ニ}$ である。

$\boxed{ナ}$，$\boxed{ニ}$ の解答群（同じものを繰り返し選んでもよい。）

⓪ 2	① 4
② 6	③ $2\sqrt{3}$
④ $2\sqrt{2} + 2\sqrt{6}$	⑤ $2\sqrt{3} + 2\sqrt{6}$
⑥ $2\sqrt{3} + 6$	⑦ $6\sqrt{2} + 4\sqrt{3} + 2\sqrt{6}$
⑧ $2\sqrt{2} + 6\sqrt{3} + 4\sqrt{6}$	⑨ $4\sqrt{2} + 2\sqrt{3} + 6\sqrt{6}$

（数学Ⅰ・数学A第1問は次ページに続く。）

⑵ △ABC の面積を S，六角形 AFBDCE の面積を T とすると，一般に［ヌ］が成り立つ。ただし，R は △ABC の外接円の半径，r は △ABC の内接円の半径とする。

［ヌ］の解答群

⓪ $R > \sqrt{2}\,r$ ならば $T > 2S$	① $R > 2r$ ならば $T > 2S$
② $R > 2\sqrt{2}\,r$ ならば $T < 2S$	③ R，r に関係なく $T > 2S$

（下 書 き 用 紙）

第２問 （配点　30）

〔1〕 数学の授業で，２次関数 $y = ax^2 + bx + c$ について，コンピュータのグラフ表示ソフトを用いて考察している。ただし a，b，c は実数とする。

このソフトでは，図１の画面上の A ， B ， C それぞれに係数 a, b, c の値を入力すると，その値に応じたグラフが表示される。さらに， A ， B ， C それぞれの下にある●を左に動かすと係数の値が減少し，右に動かすと係数の値が増加するようになっており，その値の変化に応じて２次関数のグラフが画面の座標平面上を動く仕組みになっている。

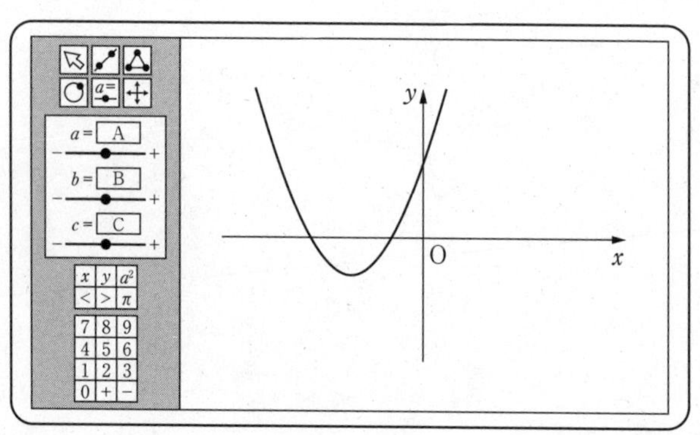

図　1

(1) a，b，c のうち，a だけを変化させたときに変化しないものは ア である。また，c だけを変化させたときに変化しないものは イ である。

ア ， イ の解答群（同じものを繰り返し選んでもよい。）

⓪ グラフの頂点の座標　① グラフの軸の方程式
② グラフと y 軸の交点の座標　③ グラフと x 軸の交点の座標

（数学Ⅰ・数学A第２問は次ページに続く。）

(2) a, b, cをある値にして，２次関数のグラフを表示すると，図２のようになった。

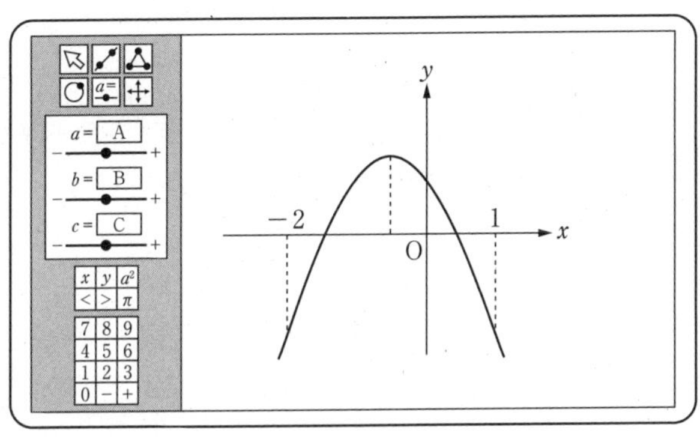

図 2

このとき

a ウ 0, b エ 0, c オ 0,

$a+b+c$ カ 0, $4a-2b+c$ キ 0

が成り立つ。

ウ ～ キ の解答群（同じものを繰り返し選んでもよい。）

⓪ <	① ＝	② >

（数学Ⅰ・数学Ａ第２問は次ページに続く。）

(3) 図２の状態から，a，b，c の値を変化させて，次の条件を満たすようにしたい。

条件：２次関数 $y = ax^2 + bx + c$ のグラフが x 軸と共有点をもたない。

a，b，c のうち１つだけ変化させるとき，条件を満たすことのできる操作は，［ク］と［ケ］である。

［ク］，［ケ］の解答群（解答の順序は問わない。）

⓪ a のみ値を大きくする。	① a のみ値を小さくする。
② b のみ値を大きくする。	③ b のみ値を小さくする。
④ c のみ値を大きくする。	⑤ c のみ値を小さくする。

(4) a の値だけを $a \neq 0$ の範囲で変化させるとき，２次関数 $y = ax^2 + bx + c$ のグラフの頂点がどのように動くかを考える。

・$b = -4$，$c = 4$ のとき，a の値を -1 から大きくしていくと，グラフの頂点は，［コ］→［サ］→［シ］の順に動く。

［コ］～［シ］の解答群（同じものを繰り返し選んでもよい。）

⓪ 第１象限	① 第２象限	② 第３象限	③ 第４象限

（数学Ⅰ・数学A第２問は次ページに続く。）

〔2〕 次の表は，1975年，1980年，1995年，2007年の4つの年（それぞれを時点という）における1世帯の月あたりの教育費の金額を都道府県別に調査し，大きい順に並べたものである。ただし，そのうちの一部は黒塗りで公開されなかった。

（円）

	1975年	教育費
1	東京都	7067
2	埼玉県	5581
3	岐阜県	5250
4	宮城県	5143
5	栃木県	5064
6	秋田県	5055
7	広島県	5012
8	和歌山県	4945
⋮		
39	福島県	3575
40	高知県	3504
41	長崎県	3475
42	岩手県	3437
43	青森県	3385
44	石川県	3290
45	島根県	2850
46	三重県	2680
47	大分県	2556

	1980年	教育費
1	東京都	14084
2	京都府	11666
3	奈良県	11459
4	愛知県	11037
5	神奈川県	10926
6	千葉県	10688
7	大阪府	10215
8	埼玉県	9795
⋮		
39	三重県	6217
40	福島県	6164
41	福井県	6026
42	山口県	5884
43	島根県	5791
44	北海道	5771
45	青森県	5627
46	高知県	5566
47	大分県	5174

	1995年	教育費
1	埼玉県	22601
2	奈良県	22190
3	神奈川県	21602
4	千葉県	19671
5	石川県	19592
6	東京都	19456
7	広島県	18583
8	滋賀県	18476
⋮		
39	宮城県	11592
40	和歌山県	11584
41	香川県	11454
42	高知県	11443
43	長崎県	11437
44	鹿児島県	11310
45	秋田県	11113
46	鳥取県	11095
47	宮崎県	11048

	2007年	教育費
1	埼玉県	26682
2	東京都	20439
3	滋賀県	19631
4	千葉県	19285
5	神奈川県	18569
6	山形県	15724
7	岐阜県	15049
8	香川県	14652
⋮		
39	栃木県	9913
40	沖縄県	9730
41	三重県	9006
42	和歌山県	8746
43	石川県	8737
44	鳥取県	8633
45	群馬県	8262
46	岡山県	8172
47	福井県	7057

表1 4時点における都道府県別の1世帯の月あたりの教育費

（出典：総務省のWebページにより作成）

（数学Ⅰ・数学A第2問は次ページに続く。）

また，図１は，表１の４時点において，都道府県別の１世帯の月あたりの教育費の金額を箱ひげ図で表したものである。

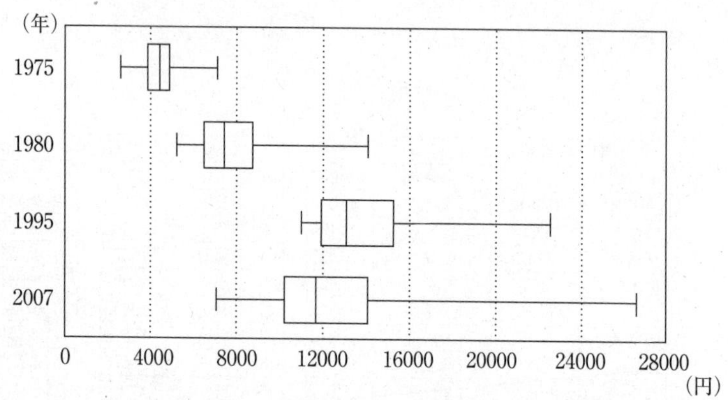

図１　都道府県別の１世帯の月あたりの教育費の箱ひげ図

（出典：総務省のWebページにより作成）

（数学Ⅰ・数学Ａ第２問は次ページに続く。）

(1) 次の⓪～⑤のうち，表1，図1から読み取れることとして**正しくないもの**は，［ス］と［セ］である。

［ス］，［セ］の解答群（解答の順序は問わない。）

⓪ 2007年におけるデータの範囲は20000円以下である。

① 4時点のデータの範囲は，1975年から2007年にかけて古いものから新しいものの順に大きくなっている。

② 4時点のデータの中央値は1975年以降，後の時点になるにつれて大きくなっている。

③ 4時点のデータの第3四分位数は，1975年から1995年まで，後の時点になるにつれて大きくなっている。

④ 2007年の1世帯の月あたりの教育費の金額は，半数以上の都道府県で，12000円より多い。

⑤ 4時点のデータの四分位範囲が2番目に小さいのは，1980年である。

（数学Ⅰ・数学A第２問は次ページに続く。）

⑵ 図２は表１で取り上げた４時点のうち，1975年における各都道府県の１世帯の月あたりの教育費の金額をヒストグラムにしたものである。なお，ヒストグラムの各階級の区間は，左端の数値を含み，右端の数値を含まない。

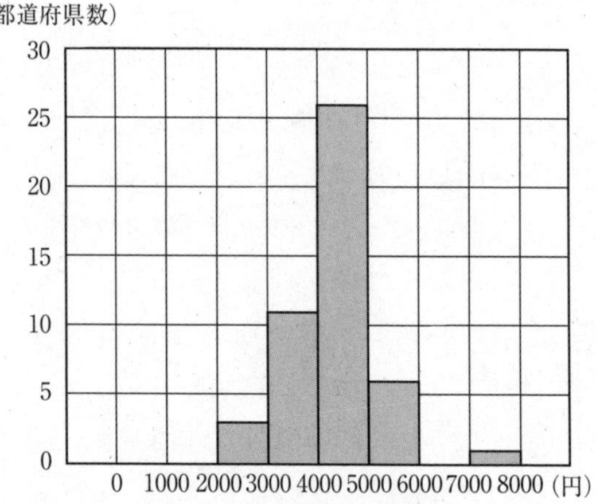

図２　1975年のヒストグラム

（出典：総務省の Web ページにより作成）

（数学Ⅰ・数学Ａ第２問は次ページに続く。）

図２のヒストグラムから次のことが読み取れる。

・最小値が含まれる階級は［ソ］である。

・中央値が含まれる階級は［タ］である。

・第１四分位数が含まれる階級は［チ］である。

［ソ］～［チ］の解答群（同じものを繰り返し選んでもよい。）

⓪ 7000 以上 8000 未満	① 6000 以上 7000 未満
② 5000 以上 6000 未満	③ 4000 以上 5000 未満
④ 3000 以上 4000 未満	⑤ 2000 以上 3000 未満

（数学Ⅰ・数学Ａ第２問は次ページに続く。）

(3) 1世帯の月あたりの実収入（2人以上の世帯のうち勤労者世帯）と教育費の散布図を作成した。図3は，表1の4時点における1世帯の月あたりの実収入（横軸）と教育費（縦軸）の散布図群である。

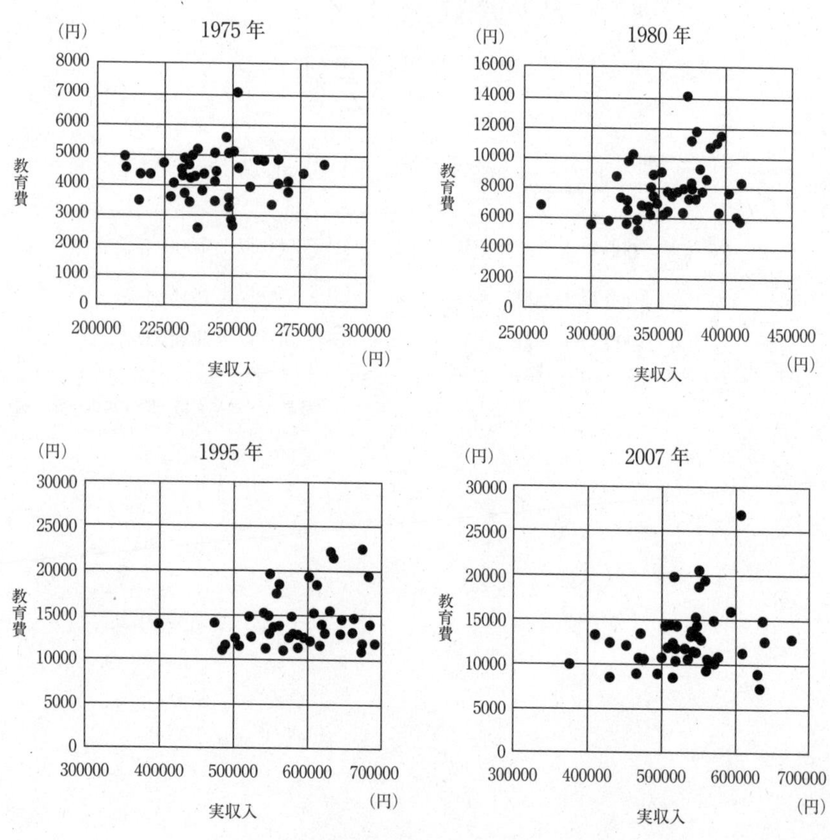

図3 4時点の散布図群

（出典：総務省のWebページにより作成）

（数学Ⅰ・数学Ａ第２問は次ページに続く。）

次の(Ⅰ), (Ⅱ), (Ⅲ)は，図3の4時点の散布図群に関する記述である。

(Ⅰ) 4時点のすべてにおいて，実収入と教育費の間には強い正の相関が見られる。

(Ⅱ) 4時点のすべてにおいて，実収入が400000円以下でかつ教育費が15000円以上の都道府県は存在しない。

(Ⅲ) 実収入に対する教育費の割合はすべて5%以下である。

(Ⅰ), (Ⅱ), (Ⅲ)の正誤の組合せとして正しいものは ツ である。

	⓪	①	②	③	④	⑤	⑥	⑦
(Ⅰ)	正	正	正	正	誤	誤	誤	誤
(Ⅱ)	正	正	誤	誤	正	正	誤	誤
(Ⅲ)	正	誤	正	誤	正	誤	正	誤

第３問 （配点 20）

△ABC において，AB = 3，BC = 4，∠ABC = 90°とする。

AC = ［ア］

である。∠BAC の外角の二等分線，∠ACB の外角の二等分線の交点を P とする。点 P から直線 AB，BC，CA に垂線を引き，それぞれの交点を D，E，F とすると

△A［イ］≡ △A［ウ］，△C［エ］≡ △C［オ］

となり，PD = PE = PF であることがわかる。よって，∠ABC の二等分線も点 P を通ることがわかり，点 P を中心とする半径 PD の円は，3 直線 AB，BC，CA のいずれとも接する。この円は △ABC の傍接円とよばれている。以下，この円を円 P とする。

［イ］，［ウ］の解答群（解答の順序は問わない。）

⓪ PD	① PB	② PA	③ PC
④ PF	⑤ BC	⑥ PE	⑦ AC

［エ］，［オ］の解答群（解答の順序は問わない。）

⓪ PD	① PB	② PA	③ PC
④ PF	⑤ BC	⑥ PE	⑦ AC

（数学Ⅰ・数学A第３問は次ページに続く。）

CF = カ ， PD = キ

である。

直線 BP と円 P の 2 つの交点のうち，点 B に近い方を G，遠い方を H とすると

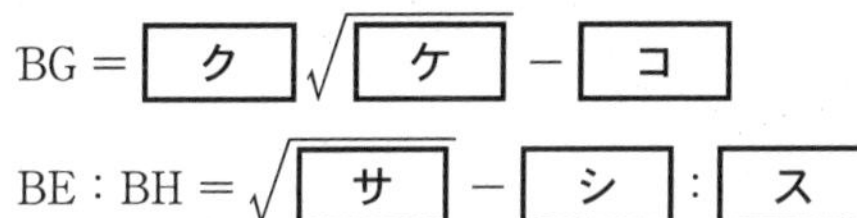

BG = ク $\sqrt{\text{ケ}}$ − コ

BE：BH = $\sqrt{\text{サ}}$ − シ ： ス

である。

さらに，点 B を通って直線 BP に垂直な直線と，直線 PA，PC との交点をそれぞれ Q，R とする。このとき，∠APC = セソ °より，△PAD ∽ タ であるから，PR = チ $\sqrt{\text{ツテ}}$ である。

また，4 点 A，P，R， ト は同一円周上にあることを利用すると，AR = ナ $\sqrt{\text{ニ}}$ である。

タ の解答群

⓪ △BRC	① △PRB	② △PEC	③ △QAB

ト の解答群

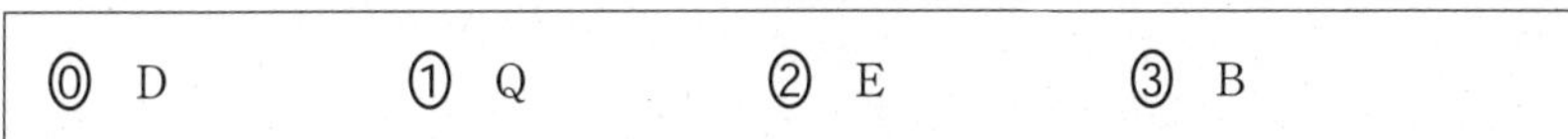

⓪ D	① Q	② E	③ B

第４問 （配点　20）

日本では，勝ち負けや優先順位を平等に決める手段として，「じゃんけん」が利用されることが多い。「じゃんけん」とは，参加者がグー・チョキ・パーの３種類のいずれかの手を出し，グーはチョキに勝ち，チョキはパーに勝ち，パーはグーに勝ち，同じ手はあいこ（引き分け）とするゲームである。また，３人以上で３種類の手が同時に出た場合もあいことなる。

この「じゃんけん」について，数学的に考えることにした。ただし，⑴，⑵においては，すべての人が等確率で３種類の手を出すものとする。

⑴　ＡとＢの２人でじゃんけんをすることを考える。

１回のじゃんけんで勝負が決まる確率は $\dfrac{\boxed{\text{ア}}}{\boxed{\text{イ}}}$ であり，Ａが勝つ確率は $\dfrac{\boxed{\text{ウ}}}{\boxed{\text{エ}}}$ である。

（数学Ⅰ・数学Ａ第４問は次ページに続く。）

(2) 人数を増やして考える。

A，B，Cの３人でじゃんけんをして，１回で１人の勝者が決まる確率は $\dfrac{\boxed{\text{オ}}}{\boxed{\text{カ}}}$ である。

また，３人でじゃんけんを１回するとき，勝者の人数を X とすると，X の期待値は $\boxed{\text{キ}}$ である。

A，B，C，Dの４人でじゃんけんをして，１回で２人の勝者が決まる確率は $\dfrac{\boxed{\text{ク}}}{\boxed{\text{ケ}}}$ であり，このとき，Aがグーの手を出して勝つ条件付き確率は $\dfrac{\boxed{\text{コ}}}{\boxed{\text{サ}}}$ である。

（数学Ⅰ・数学Ａ第４問は次ページに続く。）

⑶ ＡとＢの２人でじゃんけんをする。Ｂが「グー」，「チョキ」，「パー」を出す確率がそれぞれ $\frac{1}{10}$，$\frac{1}{2}$，$\frac{2}{5}$ のときに，ＡがＢに勝つための作戦を立てることにした。

(i)，(ii)それぞれの場合で，ＡがＢに勝つ確率を最も大きくするためには，どのような作戦を立てればよいか考える。

(i) ＡとＢが１回だけじゃんけんをすることを考える。

Ａはどの手を出せば勝つ確率が最も大きくなるかを考え，その確率を求めると，Ａは［シ］を出せば勝つ確率が最も大きくなり，そのときの確率は $\frac{\boxed{ス}}{\boxed{セ}}$ である。

（数学Ⅰ・数学Ａ第４問は次ページに続く。）

(ii) AかBのどちらかが勝つまで，最大２回のじゃんけんをすることを考える。

Aが２回目までに勝者となるには，１回目にAが勝つか，１回目があいこで２回目はAが勝てばよい。どの手を出せば勝つ確率が最も大きくなるかを考え，その確率を求める。Aは１回目があいこの場合，２回目に勝つ確率を最も大きくするために，(i)の考察より，２回目は必ず［シ］を出すことになる。

したがって，

Aが「１回目にパー，２回目に［シ］」を出すとき，Aが２回目までに勝者となる確率は$\frac{\boxed{ソ}}{\boxed{タチ}}$，

Aが「１回目にグー，２回目に［シ］」を出すとき，Aが２回目までに勝者となる確率は$\frac{\boxed{ツテ}}{\boxed{トナ}}$，

Aが「１回目にチョキ，２回目に［シ］」を出すとき，Aが２回目までに勝者となる確率は$\frac{\boxed{ニヌ}}{\boxed{ネノ}}$

であるから，Aが「１回目に［ハ］，２回目に［シ］」を出すとき，Aが勝者となる確率が最も高くなる。

［シ］，［ハ］の解答群（同じものを繰り返し選んでもよい。）

⓪ グー	① チョキ	② パー

東進 共通テスト実戦問題集

第5回

5

数学Ⅰ・数学A

（100点
70分）

Ⅰ 注意事項

1 解答用紙に，正しく記入・マークされていない場合は，採点できないことがあります。特に，解答用紙の**解答科目欄にマークされていない場合又は複数の科目にマークされている場合は，0点**となることがあります。

2 試験中に問題冊子の印刷不鮮明，ページの落丁・乱丁及び解答用紙の汚れ等に気付いた場合は，手を高く挙げて監督者に知らせなさい。

3 問題冊子の余白等は適宜利用してよいが，どのページも切り離してはいけません。

4 **不正行為について**

① 不正行為に対しては厳正に対処します。

② 不正行為に見えるような行為が見受けられた場合は，監督者がカードを用いて注意します。

③ 不正行為を行った場合は，その時点で受験を取りやめさせ退室させます。

5 試験終了後，問題冊子は持ち帰りなさい。

Ⅱ 解答上の注意

1 解答上の注意は，p.4に記載してあります。必ず読みなさい。

数学Ｉ・数学Ａ

問　題	選　択　方　法
第１問	必　　　答
第２問	必　　　答
第３問	必　　　答
第４問	必　　　答

（下 書 き 用 紙）

第１問 （配点 30）

〔1〕 実数全体の集合をUとする。このとき，Uの部分集合A，B，C，Dを次のように定める。

$$A = \{x \mid x^2 - 6x + 5 \geqq 0\}$$
$$B = \{x \mid x^2 - 2x + 1 \leqq 0\}$$
$$C = \{x \mid |x - 1| \leqq 2\}$$
$$D = \{x \mid 1 \leqq x < 5\}$$

(1) $x \in A$は，$x \in \overline{D}$であるための［ア］。

$x \in B$は，$x \in A \cap D$であるための［イ］。

$x \in C$は，$x \in A \cup D$であるための［ウ］。

$x \in D$は，$x \in \overline{B} \cap C$であるための［エ］。

［ア］～［エ］の解答群（同じものを繰り返し選んでもよい。）

⓪ 必要十分条件である
① 必要条件であるが，十分条件でない
② 十分条件であるが，必要条件でない
③ 必要条件でも十分条件でもない

（数学Ⅰ・数学Ａ第１問は次ページに続く。）

(2) U の部分集合 E を k を実数として，次のように定める。

$$E = \{x \mid k - 9 < x \leqq k\}$$

このとき，$x \in C \cup D$ であることが，$x \in E$ であるための十分条件となるような k の値の範囲は

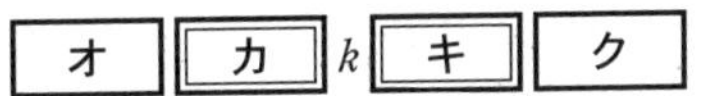

である。

カ ，キ の解答群（同じものを繰り返し選んでもよい。）

⓪ $<$	① $\leqq$

（数学Ⅰ・数学A第1問は次ページに続く。）

第5回 実戦問題

〔2〕 コンピュータソフトを用いて，平面上に三角形を表示させる。

このソフトでは，同一直線上に並ばないように3点A，B，Cをとると，△ABCとその外接円が表示される仕組みになっている。また，△ABCの頂点を選択するとその頂点における内角の余弦，辺を選択するとその辺の長さが表示される。図1は，△ABCとその外接円を表示させたあと，頂点Aと辺BCを選択し，cos∠BACの値と辺BCの長さを表示させたものである。

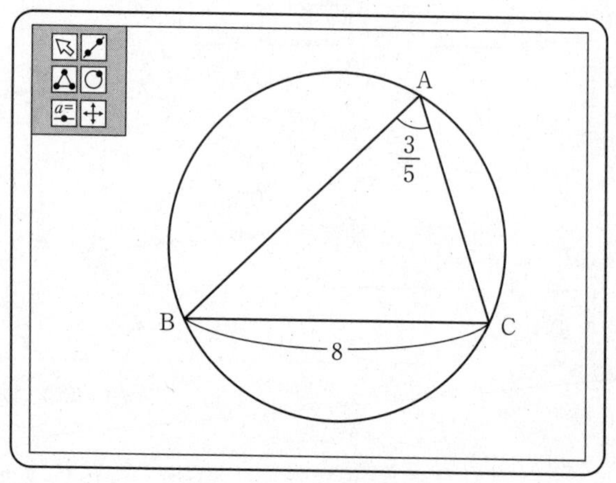

図 1

（数学Ⅰ・数学A第1問は次ページに続く。）

(1) 図1で頂点Aと辺BCを選択したところ，$\cos\angle BAC = \dfrac{3}{5}$, $BC = 8$であった。

このとき，$\sin\angle BAC = \dfrac{\boxed{ケ}}{\boxed{コ}}$であり，△ABCの外接円の中心をOとすると，$OA = \boxed{サ}$である。

△ABCの面積をSとする。点B，Cの位置は変えずに，点Aの位置を図1の円Oの円周上でいろいろと変えたところ（ただし，$A \neq B$，$A \neq C$とする），Sのとりうる値の範囲は，$0 < S \leqq \boxed{シス}$であった。

また，$S = \boxed{シス}$のとき，△ABCは$\boxed{セ}$である。

$\boxed{セ}$の解答群

⓪ 正三角形
① 二等辺三角形ではない直角三角形
② 正三角形ではない二等辺三角形
③ ⓪，①，②のいずれでもない

（数学Ⅰ・数学A第1問は次ページに続く。）

(2) △ABC とその外接円を表示させたあと，辺 AB と辺 AC を選択したところ，AB = 2，AC = 6 であった。このとき，辺 AB，AC の長さを変えないように点 B，C をいろいろな位置にとったところ，それに伴って，頂点 A を選択したときに表示される cos∠BAC の値も変化した。BC = a とおくと

$$\cos\angle BAC = \frac{\boxed{\text{ソタ}} - a^2}{\boxed{\text{チツ}}}$$

と表せる。

ここで，3 辺の長さがそれぞれ 2，6，a となる三角形が成立するとき，a は

$$\boxed{\text{テ}} < a < \boxed{\text{ト}}$$

を満たす。さらに

$\boxed{\text{テ}} < a < \boxed{\text{ナ}}\sqrt{\boxed{\text{ニヌ}}}$ のとき，∠BAC は鋭角

$a = \boxed{\text{ナ}}\sqrt{\boxed{\text{ニヌ}}}$ のとき，∠BAC は直角

$\boxed{\text{ナ}}\sqrt{\boxed{\text{ニヌ}}} < a < \boxed{\text{ト}}$ のとき，∠BAC は鈍角

である。

また，△ABC の 3 つの辺の長さがすべて整数でかつ∠BAC が鈍角のとき，△ABC の面積は $\dfrac{\boxed{\text{ネ}}\sqrt{\boxed{\text{ノハ}}}}{\boxed{\text{ヒ}}}$ である。

（下 書 き 用 紙）

第２問 （配点　30）

〔１〕 車は運転者が危険を感じた地点ですぐに止まれるわけではなく，実際に車が停止するまでにかなりの距離を進む。運転者が危険を感じてからブレーキを踏み，ブレーキが実際にきき始めるまでの間に進む距離を空走距離，ブレーキがきき始めてから車が停止するまでの距離を制動距離という。また，空走距離と制動距離をあわせて停止距離という。

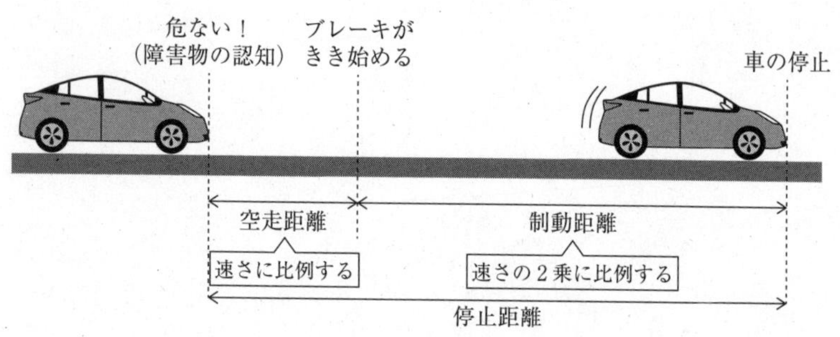

空走距離は速さに比例し，次の式で与えられる。

$$空走距離(\mathrm{m}) = 反応時間(秒) \times \frac{車の速さ(\mathrm{km/時})}{3.6}$$

制動距離は速さの２乗に比例し，次の式で与えられる。ただし，摩擦係数は正の定数である。

$$制動距離(\mathrm{m}) = \frac{\{車の速さ(\mathrm{km/時})\}^2}{254 \times 摩擦係数}$$

ここでは，$\dfrac{1}{254 \times 摩擦係数}$ を a，$\dfrac{反応時間}{3.6}$ を b，車の速さを x km/ 時とする。このとき，空走距離は bx，制動距離は ax^2 と表せる。

（数学Ⅰ・数学Ａ第２問は次ページに続く。）

太郎さんと花子さんの通う学校では，停止距離に関する次のような実験が行われた。

実験の内容

1. 車の運転者は直線上を一定の速さで進む。
2. 運転者に向かって，任意のタイミングで音を鳴らす。ただし，音を鳴らすタイミングは運転者には知らせない。
3. 運転者は，音が鳴ったらブレーキを力いっぱい踏み，車を停止させる。
4. 音が鳴った地点から車が停止した地点までの距離を測る。
5. 車の速さを変えて１～４を何回か行う。

（数学Ⅰ・数学Ａ第２問は次ページに続く。）

(1) 音が鳴った地点から車が停止した地点までの距離を y (m) とすると，このとき，

$$y = ax^2 + bx \quad \cdots\cdots\cdots\cdots ①$$

と表すことができる。

太郎：①のように，停止距離を速さの２次関数として表すことができたね。

花子：①のグラフの頂点の座標は $\left(\boxed{ア}, \boxed{イ} \right)$ だから，頂点は $\boxed{ウ}$ にあるね。

$\boxed{ア}$，$\boxed{イ}$ の解答群（同じものを繰り返し選んでもよい。）

⓪ $\dfrac{b}{a}$	① $-\dfrac{b}{a}$	② $\dfrac{b}{2a}$	③ $-\dfrac{b}{2a}$
④ $\dfrac{b^2}{4a}$	⑤ $-\dfrac{b^2}{4a}$	⑥ $\dfrac{b^2}{4a^2}$	⑦ $-\dfrac{b^2}{4a^2}$

$\boxed{ウ}$ の解答群

⓪ 第１象限	① 第２象限
② 第３象限	③ 第４象限

（数学Ⅰ・数学Ａ第２問は次ページに続く。）

(2) 太郎さんと花子さんは，交通安全教室での実験の結果について考察している。

花子：何回目かの実験で，音が鳴った地点から車が停止した地点までの距離が 80 m だったときがあったね。そのときの車の速さは何 km/時だったのかな。

太郎：①の関数を用いて調べてみようよ。まずは，a，b に具体的な数値をあてはめる必要があるね。

花子：一般的に，乾いた路面だと a の値は 0.006 くらいみたい。

太郎：反応時間は，0.7 〜 0.8 秒くらいが一般的みたい。今回は 0.72 秒にしよう。そうすると，b の値は，**エ**．**オ** になるね。

花子：a, b の値をそれぞれ①にあてはめて，速さ x について解いてみよう。

太郎：これを解くと，$x =$ **カキク** と求まったよ。車の速さは，およそ カキク km/時だったんだね。

（数学Ⅰ・数学Ａ第２問は次ページに続く。）

(3) 次に，太郎さんと花子さんは，車が止まるまでの停止時間に着目した。停止時間は，運転者が危険を感じてからブレーキを踏み，ブレーキが実際にきき始めるまでの反応時間と，ブレーキがきき始めてから車が停止するまでにかかった制動時間の和で表す。

制動時間は，次の式で与えられる。

$$\text{制動時間(秒)} = \frac{7.2 \times \text{制動距離(m)}}{\text{車の速さ(km/時)}}$$

反応時間は一定であると考えることができるので，停止時間は［ケ］。

交通安全教室での実験において，車が［カキク］km/時の速さで進んだとき，停止時間は［コ］.［サシ］秒であった。ただし，a，b の値は(2)で用いた値とする。

［ケ］の解答群

⓪ 速さの２乗に比例する	① 速さに比例する
② 速さに反比例する	③ 速さの２次関数である
④ 速さの１次関数である	⑤ 速さにかかわらず一定である

(数学Ⅰ・数学Ａ第２問は次ページに続く。)

〔2〕 太郎さんのクラスには，太郎さんを含めて40人の生徒がいる。太郎さんは，先日行われた国語，数学，英語の3教科の定期テストにおける，クラス40人の各教科の得点について調べている。

(1) 図1は，3教科の合計得点（縦軸）と英語の得点（横軸）の散布図，図2は，国語の得点（縦軸）と英語の得点（横軸）の散布図である。

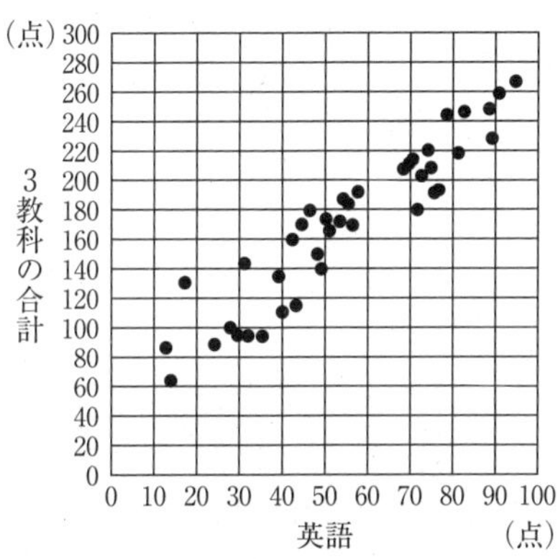

図1 3教科の合計得点と英語の得点の散布図

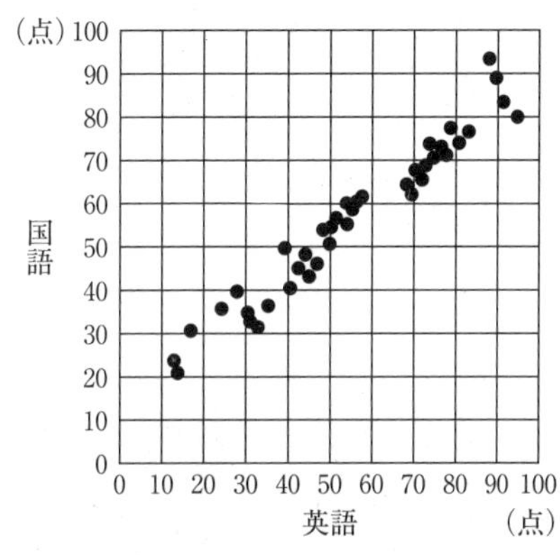

図2 国語の得点と英語の得点の散布図

次の⓪～④のうち，図1，図2から読み取れることとして正しいものは［ス］と［セ］である。

［ス］，［セ］の解答群（解答の順序は問わない。）

⓪ 英語で最高点をとった生徒は，国語でも最高点をとっている。

① 3教科の合計で最高点をとった生徒の国語の得点は，80点である。

② 3教科の合計得点の第3四分位数は200点以上220点未満である。

③ 英語の得点と国語の得点の間には，負の相関関係がある。

④ 英語の得点と3教科の合計得点の間には，負の相関関係がある。

(数学Ⅰ・数学A第2問は次ページに続く。)

(2) 太郎さんが，花子さんを含めた 9 人の生徒に，数学の得点についてヒアリング調査を行ったところ, 9 人の得点の平均値は 59, 分散は 160 であった。また，このとき，太郎さんの数学の点数は 59 点であった。

(i) 太郎さんを含めた 10 人の数学の得点の平均値は **ソタ** であり，分散は **チツテ** である。

(ii) 太郎さんを含めた 10 人の数学の得点の平均値を $\overline{x}$，標準偏差を s とする。数学のテストにおける得点を x，偏差値を y とすると，y は次の式で求めることができる。

$$y = \frac{x - \overline{x}}{s} \times 10 + 50$$

花子さんの数学の得点が 77 点であるとき，花子さんの偏差値は **トナ** である。

(数学Ⅰ・数学A第２問は次ページに続く。)

(iii) 次の⓪〜③のうち，偏差値についての記述として正しいものは［ニ］である。

［ニ］の解答群

⓪ 調査対象の人数を１人増やしても，平均値が変わらなければ，それぞれの偏差値は変わらない。
① 全員の得点が同じだけ上がっても，それぞれの偏差値は変わらない。
② 偏差値が 50 以上の人数と，偏差値が 50 以下の人数は等しい。
③ 偏差値が負になることはない。

（数学Ⅰ・数学Ａ第２問は次ページに続く。）

(3) 太郎さんのクラスの担任の先生は，今回の定期テストの難易度についてアンケート調査を行った。

その調査によると，クラスの生徒 40 人のうち 27 人が「難しかった」と回答した。このとき，「今回の定期テストは難しかったと感じた人の方が多い」といえるかどうかを，次の**方針**で考えることにした。

方針

・“今回の定期テストが「難しかった」と回答する割合と「難しかった」と回答しない割合が等しい”という仮説を立てる。

・この仮説の下で，40 人抽出したうちの 27 人以上が「難しかった」と回答する確率が 5％未満であれば，その仮説は誤っていると判断し，5％以上であれば，その仮説は誤っていると判断しない。

次の表は，40 枚の硬貨を投げる実験を 200 回行い，表が出た枚数ごとの回数を示したものである。

実験結果

表の枚数	13	14	15	16	17	18	19	20	21	22	23	24	25	26	27	28	29	30	合計
回数	2	4	10	15	12	23	25	19	37	12	6	11	12	3	5	2	1	1	200

上の**実験結果**から，40 枚の硬貨のうち 27 枚以上が表となったときの相対度数は 0. ヌネノ となる。これは 40 人のうち 27 人以上が「難しかった」と回答する確率と考えられる。

（数学Ⅰ・数学Ａ第２問は次ページに続く。）

このとき，相対度数 0. ヌネノ と 0.05 の大小関係から判断すると，「難しかった」と回答する割合と「難しかった」と回答しない割合が等しいという仮説は ハ 。したがって，今回の定期テストは難しかったと感じた人の方が ヒ 。

ハ の解答群

⓪ 誤っていると判断される	① 誤っているとは判断されない

ヒ の解答群

⓪ 多いといえる	① 多いとはいえない

第３問 （配点 20）

$\triangle$ABC において，AB $= 3\sqrt{3}$，BC $= 6$，CA $= 3$ とし，$\angle$BCA の二等分線と辺 AB との交点を D とする。また，点 C を通り，点 D で辺 AB と接する円の中心を O とする。

(1) 点 A から辺 BC に下ろした垂線と辺 BC との交点を H とし，CH $= x$ とする。

$\triangle$ABH に着目すると

$$\mathrm{AH}^2 = \boxed{\text{アイ}} + \boxed{\text{ウエ}}\,x - x^2$$

$\triangle$ACH に着目すると

$$\mathrm{AH}^2 = \boxed{\text{オ}} - x^2$$

であり

$$\mathrm{CH} = \frac{\boxed{\text{カ}}}{\boxed{\text{キ}}}$$

である。よって，$\triangle$ABC の面積は $\dfrac{\boxed{\text{ク}}\sqrt{\boxed{\text{ケ}}}}{\boxed{\text{コ}}}$ とわかる。

（数学Ⅰ・数学Ａ第３問は次ページに続く。）

(2)　角の二等分線の性質より，AD $= \sqrt{\boxed{\text{サ}}}$ である。

円 O と辺 BC の交点のうち，点 C と異なる点を E とすると

BE $= \boxed{\text{シ}}$

であり，線分 AE と線分 CD の交点を F とすると

CF : FD $= \boxed{\text{ス}} : \boxed{\text{セ}}$

である。

また，△ABC の内接円と辺 AB の接点を P とすると

AP : PD $= \sqrt{\boxed{\text{ソ}}} : \boxed{\text{タ}}$

である。したがって，

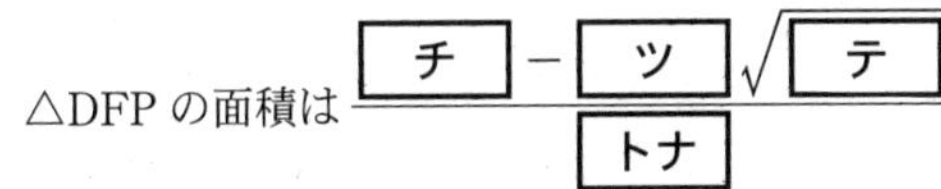

△DFP の面積は $\dfrac{\boxed{\text{チ}} - \boxed{\text{ツ}}\sqrt{\boxed{\text{テ}}}}{\boxed{\text{トナ}}}$

である。

第4問 （配点　20）

くじが入っている箱A，Bがある。箱の中には，当たりくじとはずれくじが入っており，その割合は箱Aが1：1，箱Bが1：3である。くじ引き券1枚と引き換えに，箱A，Bのどちらか一方を選んで，くじを1回引くことができる。ただし，くじ引き券を2枚以上持っている場合でも，箱A，Bどちらか一方の箱からすべてのくじを引くこととする。

(1) くじを引いたあと，引いたくじは元の箱に戻すものとする。くじ引き券4枚と引き換えに，くじを4回引く。このとき，

箱Aを選んだ場合，4回中ちょうど2回当たる確率は $\dfrac{\boxed{\text{ア}}}{\boxed{\text{イ}}}$，

箱Bを選んだ場合，4回中ちょうど2回当たる確率は $\dfrac{\boxed{\text{ウエ}}}{\boxed{\text{オカキ}}}$

である。

また，箱Aを選んだ場合，当たる回数 X の期待値は $\boxed{\text{ク}}$ である。

(2) 箱Bのみ，はずれくじを3回引いたとき，くじ引き券が1枚もらえるという仕組みに変更した。

（数学Ⅰ・数学A第4問は次ページに続く。）

(i) 最初に持っているくじ引き券の枚数を4枚とし，このくじ引きにおいてちょうど2回当たる確率（☆）を計算する。ただし，くじを引いたあと，引いたくじは元の箱に戻すものとする。

計算するにあたって，くじを引く人が，箱A，Bのどちらを選ぶ傾向にあるのか調べるため，以下のような**アンケート**を何人かに行った。

アンケート

あなたは，箱A，Bのどちらが（☆）の確率が高いと思いますか？

このアンケートの結果，$\frac{2}{3}$の人が箱Aと答えた。

実際に計算すると，箱Aからくじを引いてちょうど2回当たる確率は$\frac{\boxed{ア}}{\boxed{イ}}$，箱Bからくじを引いてちょうど2回当たる確率は$\frac{\boxed{ケコ}}{\boxed{サシス}}$であるので，ちょうど2回当たる確率が高いのは$\boxed{(あ)}$である。この**アンケート**結果から，くじ引きをする人が箱Aを選ぶ確率を$\frac{2}{3}$，箱Bを選ぶ確率を$\frac{1}{3}$として，計算を行った。箱Aが選ばれる事象をA，箱Bが選ばれる事象をB，くじ引き券4枚でちょうど2回当たる事象をWとすると

$$P(A \cap W) = \frac{2}{3} \times \frac{\boxed{ア}}{\boxed{イ}},\quad P(B \cap W) = \frac{1}{3} \times \frac{\boxed{ケコ}}{\boxed{サシス}}$$

よって，くじ引き券4枚でちょうど2回当たる確率$P(W)$は$\frac{\boxed{セソ}}{\boxed{タチツ}}$であり，くじ引き券4枚でちょうど2回当たったとき，選んだ箱がAである条件付き確率$P_W(A)$は$\frac{\boxed{テト}}{\boxed{ナニ}}$となる。

（数学Ⅰ・数学A第4問は次ページに続く。）

(ii) くじを引いたあと，引いたくじは元の箱に戻さないものとする。

また，最初に持っているくじ引き券の枚数を4枚とし，箱A，Bに入っているくじの本数はそれぞれ16本とする。このとき，箱Aからくじを引いてちょうど2回当たる確率は［ヌ］，箱Bからくじを引いてちょうど2回当たる確率は［ネ］であるので，ちょうど2回当たる確率が高いのは［(い)］である。

［ヌ］，［ネ］の解答群（同じものを繰り返し選んでもよい。）

⓪ $\frac{1}{5}$　① $\frac{16}{65}$　② $\frac{19}{65}$　③ $\frac{22}{65}$　④ $\frac{5}{13}$　⑤ $\frac{28}{65}$

［(あ)］，［(い)］にあてはまるものの組合せとして正しいものは［ノ］である。

［ノ］の解答群

	⓪	①	②	③
(あ)	箱A	箱A	箱B	箱B
(い)	箱A	箱B	箱A	箱B

（下 書 き 用 紙）

（下 書 き 用 紙）

東進　共通テスト実戦問題集　数学①　解答用紙・第１面

マーク例

良い例	悪い例
●	⊙ ◓ ○ ⊗

受験番号を記入し，その下のマーク欄にマークしなさい。

受験番号欄

千位	百位	十位	一位	英字
−	⓪	⓪	⓪	Ⓐ
①	①	①	①	Ⓑ
②	②	②	②	Ⓒ
③	③	③	③	Ⓗ
④	④	④	④	Ⓚ
⑤	⑤	⑤	⑤	Ⓜ
⑥	⑥	⑥	⑥	Ⓡ
⑦	⑦	⑦	⑦	Ⓤ
⑧	⑧	⑧	⑧	Ⓧ
⑨	⑨	⑨	⑨	Ⓨ
−	−	−	−	Ⓩ

氏名・フリガナ，試験場コードを記入しなさい。

フリガナ	
氏名	

試験場コード	十万位	万位	千位	百位	十位	一位

1	解答欄										
	−	0	1	2	3	4	5	6	7	8	9
ア	⊖	⓪	①	②	③	④	⑤	⑥	⑦	⑧	⑨
イ	⊖	⓪	①	②	③	④	⑤	⑥	⑦	⑧	⑨
ウ	⊖	⓪	①	②	③	④	⑤	⑥	⑦	⑧	⑨
エ	⊖	⓪	①	②	③	④	⑤	⑥	⑦	⑧	⑨
オ	⊖	⓪	①	②	③	④	⑤	⑥	⑦	⑧	⑨
カ	⊖	⓪	①	②	③	④	⑤	⑥	⑦	⑧	⑨
キ	⊖	⓪	①	②	③	④	⑤	⑥	⑦	⑧	⑨
ク	⊖	⓪	①	②	③	④	⑤	⑥	⑦	⑧	⑨
ケ	⊖	⓪	①	②	③	④	⑤	⑥	⑦	⑧	⑨
コ	⊖	⓪	①	②	③	④	⑤	⑥	⑦	⑧	⑨
サ	⊖	⓪	①	②	③	④	⑤	⑥	⑦	⑧	⑨
シ	⊖	⓪	①	②	③	④	⑤	⑥	⑦	⑧	⑨
ス	⊖	⓪	①	②	③	④	⑤	⑥	⑦	⑧	⑨
セ	⊖	⓪	①	②	③	④	⑤	⑥	⑦	⑧	⑨
ソ	⊖	⓪	①	②	③	④	⑤	⑥	⑦	⑧	⑨
タ	⊖	⓪	①	②	③	④	⑤	⑥	⑦	⑧	⑨
チ	⊖	⓪	①	②	③	④	⑤	⑥	⑦	⑧	⑨
ツ	⊖	⓪	①	②	③	④	⑤	⑥	⑦	⑧	⑨
テ	⊖	⓪	①	②	③	④	⑤	⑥	⑦	⑧	⑨
ト	⊖	⓪	①	②	③	④	⑤	⑥	⑦	⑧	⑨
ナ	⊖	⓪	①	②	③	④	⑤	⑥	⑦	⑧	⑨
ニ	⊖	⓪	①	②	③	④	⑤	⑥	⑦	⑧	⑨
ヌ	⊖	⓪	①	②	③	④	⑤	⑥	⑦	⑧	⑨
ネ	⊖	⓪	①	②	③	④	⑤	⑥	⑦	⑧	⑨
ノ	⊖	⓪	①	②	③	④	⑤	⑥	⑦	⑧	⑨
ハ	⊖	⓪	①	②	③	④	⑤	⑥	⑦	⑧	⑨
ヒ	⊖	⓪	①	②	③	④	⑤	⑥	⑦	⑧	⑨
フ	⊖	⓪	①	②	③	④	⑤	⑥	⑦	⑧	⑨
ヘ	⊖	⓪	①	②	③	④	⑤	⑥	⑦	⑧	⑨
ホ	⊖	⓪	①	②	③	④	⑤	⑥	⑦	⑧	⑨

2	解答欄										
	−	0	1	2	3	4	5	6	7	8	9
ア	⊖	⓪	①	②	③	④	⑤	⑥	⑦	⑧	⑨
イ	⊖	⓪	①	②	③	④	⑤	⑥	⑦	⑧	⑨
ウ	⊖	⓪	①	②	③	④	⑤	⑥	⑦	⑧	⑨
エ	⊖	⓪	①	②	③	④	⑤	⑥	⑦	⑧	⑨
オ	⊖	⓪	①	②	③	④	⑤	⑥	⑦	⑧	⑨
カ	⊖	⓪	①	②	③	④	⑤	⑥	⑦	⑧	⑨
キ	⊖	⓪	①	②	③	④	⑤	⑥	⑦	⑧	⑨
ク	⊖	⓪	①	②	③	④	⑤	⑥	⑦	⑧	⑨
ケ	⊖	⓪	①	②	③	④	⑤	⑥	⑦	⑧	⑨
コ	⊖	⓪	①	②	③	④	⑤	⑥	⑦	⑧	⑨
サ	⊖	⓪	①	②	③	④	⑤	⑥	⑦	⑧	⑨
シ	⊖	⓪	①	②	③	④	⑤	⑥	⑦	⑧	⑨
ス	⊖	⓪	①	②	③	④	⑤	⑥	⑦	⑧	⑨
セ	⊖	⓪	①	②	③	④	⑤	⑥	⑦	⑧	⑨
ソ	⊖	⓪	①	②	③	④	⑤	⑥	⑦	⑧	⑨
タ	⊖	⓪	①	②	③	④	⑤	⑥	⑦	⑧	⑨
チ	⊖	⓪	①	②	③	④	⑤	⑥	⑦	⑧	⑨
ツ	⊖	⓪	①	②	③	④	⑤	⑥	⑦	⑧	⑨
テ	⊖	⓪	①	②	③	④	⑤	⑥	⑦	⑧	⑨
ト	⊖	⓪	①	②	③	④	⑤	⑥	⑦	⑧	⑨
ナ	⊖	⓪	①	②	③	④	⑤	⑥	⑦	⑧	⑨
ニ	⊖	⓪	①	②	③	④	⑤	⑥	⑦	⑧	⑨
ヌ	⊖	⓪	①	②	③	④	⑤	⑥	⑦	⑧	⑨
ネ	⊖	⓪	①	②	③	④	⑤	⑥	⑦	⑧	⑨
ノ	⊖	⓪	①	②	③	④	⑤	⑥	⑦	⑧	⑨
ハ	⊖	⓪	①	②	③	④	⑤	⑥	⑦	⑧	⑨
ヒ	⊖	⓪	①	②	③	④	⑤	⑥	⑦	⑧	⑨
フ	⊖	⓪	①	②	③	④	⑤	⑥	⑦	⑧	⑨
ヘ	⊖	⓪	①	②	③	④	⑤	⑥	⑦	⑧	⑨
ホ	⊖	⓪	①	②	③	④	⑤	⑥	⑦	⑧	⑨

3	解答欄										
	−	0	1	2	3	4	5	6	7	8	9
ア	⊖	⓪	①	②	③	④	⑤	⑥	⑦	⑧	⑨
イ	⊖	⓪	①	②	③	④	⑤	⑥	⑦	⑧	⑨
ウ	⊖	⓪	①	②	③	④	⑤	⑥	⑦	⑧	⑨
エ	⊖	⓪	①	②	③	④	⑤	⑥	⑦	⑧	⑨
オ	⊖	⓪	①	②	③	④	⑤	⑥	⑦	⑧	⑨
カ	⊖	⓪	①	②	③	④	⑤	⑥	⑦	⑧	⑨
キ	⊖	⓪	①	②	③	④	⑤	⑥	⑦	⑧	⑨
ク	⊖	⓪	①	②	③	④	⑤	⑥	⑦	⑧	⑨
ケ	⊖	⓪	①	②	③	④	⑤	⑥	⑦	⑧	⑨
コ	⊖	⓪	①	②	③	④	⑤	⑥	⑦	⑧	⑨
サ	⊖	⓪	①	②	③	④	⑤	⑥	⑦	⑧	⑨
シ	⊖	⓪	①	②	③	④	⑤	⑥	⑦	⑧	⑨
ス	⊖	⓪	①	②	③	④	⑤	⑥	⑦	⑧	⑨
セ	⊖	⓪	①	②	③	④	⑤	⑥	⑦	⑧	⑨
ソ	⊖	⓪	①	②	③	④	⑤	⑥	⑦	⑧	⑨
タ	⊖	⓪	①	②	③	④	⑤	⑥	⑦	⑧	⑨
チ	⊖	⓪	①	②	③	④	⑤	⑥	⑦	⑧	⑨
ツ	⊖	⓪	①	②	③	④	⑤	⑥	⑦	⑧	⑨
テ	⊖	⓪	①	②	③	④	⑤	⑥	⑦	⑧	⑨
ト	⊖	⓪	①	②	③	④	⑤	⑥	⑦	⑧	⑨
ナ	⊖	⓪	①	②	③	④	⑤	⑥	⑦	⑧	⑨
ニ	⊖	⓪	①	②	③	④	⑤	⑥	⑦	⑧	⑨
ヌ	⊖	⓪	①	②	③	④	⑤	⑥	⑦	⑧	⑨
ネ	⊖	⓪	①	②	③	④	⑤	⑥	⑦	⑧	⑨
ノ	⊖	⓪	①	②	③	④	⑤	⑥	⑦	⑧	⑨
ハ	⊖	⓪	①	②	③	④	⑤	⑥	⑦	⑧	⑨
ヒ	⊖	⓪	①	②	③	④	⑤	⑥	⑦	⑧	⑨
フ	⊖	⓪	①	②	③	④	⑤	⑥	⑦	⑧	⑨
ヘ	⊖	⓪	①	②	③	④	⑤	⑥	⑦	⑧	⑨
ホ	⊖	⓪	①	②	③	④	⑤	⑥	⑦	⑧	⑨

東進　共通テスト実戦問題集　数学①　　解答用紙・第2面

注意事項
1 訂正は，消しゴムできれいに消し，消しくずを残してはいけません。
2 所定欄以外にはマークしたり，記入したりしてはいけません。
3 汚したり，折りまげたりしてはいけません。

4	解答欄										
	−	0	1	2	3	4	5	6	7	8	9
ア	⊖	⓪	①	②	③	④	⑤	⑥	⑦	⑧	⑨
イ	⊖	⓪	①	②	③	④	⑤	⑥	⑦	⑧	⑨
ウ	⊖	⓪	①	②	③	④	⑤	⑥	⑦	⑧	⑨
エ	⊖	⓪	①	②	③	④	⑤	⑥	⑦	⑧	⑨
オ	⊖	⓪	①	②	③	④	⑤	⑥	⑦	⑧	⑨
カ	⊖	⓪	①	②	③	④	⑤	⑥	⑦	⑧	⑨
キ	⊖	⓪	①	②	③	④	⑤	⑥	⑦	⑧	⑨
ク	⊖	⓪	①	②	③	④	⑤	⑥	⑦	⑧	⑨
ケ	⊖	⓪	①	②	③	④	⑤	⑥	⑦	⑧	⑨
コ	⊖	⓪	①	②	③	④	⑤	⑥	⑦	⑧	⑨
サ	⊖	⓪	①	②	③	④	⑤	⑥	⑦	⑧	⑨
シ	⊖	⓪	①	②	③	④	⑤	⑥	⑦	⑧	⑨
ス	⊖	⓪	①	②	③	④	⑤	⑥	⑦	⑧	⑨
セ	⊖	⓪	①	②	③	④	⑤	⑥	⑦	⑧	⑨
ソ	⊖	⓪	①	②	③	④	⑤	⑥	⑦	⑧	⑨
タ	⊖	⓪	①	②	③	④	⑤	⑥	⑦	⑧	⑨
チ	⊖	⓪	①	②	③	④	⑤	⑥	⑦	⑧	⑨
ツ	⊖	⓪	①	②	③	④	⑤	⑥	⑦	⑧	⑨
テ	⊖	⓪	①	②	③	④	⑤	⑥	⑦	⑧	⑨
ト	⊖	⓪	①	②	③	④	⑤	⑥	⑦	⑧	⑨
ナ	⊖	⓪	①	②	③	④	⑤	⑥	⑦	⑧	⑨
ニ	⊖	⓪	①	②	③	④	⑤	⑥	⑦	⑧	⑨
ヌ	⊖	⓪	①	②	③	④	⑤	⑥	⑦	⑧	⑨
ネ	⊖	⓪	①	②	③	④	⑤	⑥	⑦	⑧	⑨
ノ	⊖	⓪	①	②	③	④	⑤	⑥	⑦	⑧	⑨
ハ	⊖	⓪	①	②	③	④	⑤	⑥	⑦	⑧	⑨
ヒ	⊖	⓪	①	②	③	④	⑤	⑥	⑦	⑧	⑨
フ	⊖	⓪	①	②	③	④	⑤	⑥	⑦	⑧	⑨
ヘ	⊖	⓪	①	②	③	④	⑤	⑥	⑦	⑧	⑨
ホ	⊖	⓪	①	②	③	④	⑤	⑥	⑦	⑧	⑨

5	解答欄										
	−	0	1	2	3	4	5	6	7	8	9
ア	⊖	⓪	①	②	③	④	⑤	⑥	⑦	⑧	⑨
イ	⊖	⓪	①	②	③	④	⑤	⑥	⑦	⑧	⑨
ウ	⊖	⓪	①	②	③	④	⑤	⑥	⑦	⑧	⑨
エ	⊖	⓪	①	②	③	④	⑤	⑥	⑦	⑧	⑨
オ	⊖	⓪	①	②	③	④	⑤	⑥	⑦	⑧	⑨
カ	⊖	⓪	①	②	③	④	⑤	⑥	⑦	⑧	⑨
キ	⊖	⓪	①	②	③	④	⑤	⑥	⑦	⑧	⑨
ク	⊖	⓪	①	②	③	④	⑤	⑥	⑦	⑧	⑨
ケ	⊖	⓪	①	②	③	④	⑤	⑥	⑦	⑧	⑨
コ	⊖	⓪	①	②	③	④	⑤	⑥	⑦	⑧	⑨
サ	⊖	⓪	①	②	③	④	⑤	⑥	⑦	⑧	⑨
シ	⊖	⓪	①	②	③	④	⑤	⑥	⑦	⑧	⑨
ス	⊖	⓪	①	②	③	④	⑤	⑥	⑦	⑧	⑨
セ	⊖	⓪	①	②	③	④	⑤	⑥	⑦	⑧	⑨
ソ	⊖	⓪	①	②	③	④	⑤	⑥	⑦	⑧	⑨
タ	⊖	⓪	①	②	③	④	⑤	⑥	⑦	⑧	⑨
チ	⊖	⓪	①	②	③	④	⑤	⑥	⑦	⑧	⑨
ツ	⊖	⓪	①	②	③	④	⑤	⑥	⑦	⑧	⑨
テ	⊖	⓪	①	②	③	④	⑤	⑥	⑦	⑧	⑨
ト	⊖	⓪	①	②	③	④	⑤	⑥	⑦	⑧	⑨
ナ	⊖	⓪	①	②	③	④	⑤	⑥	⑦	⑧	⑨
ニ	⊖	⓪	①	②	③	④	⑤	⑥	⑦	⑧	⑨
ヌ	⊖	⓪	①	②	③	④	⑤	⑥	⑦	⑧	⑨
ネ	⊖	⓪	①	②	③	④	⑤	⑥	⑦	⑧	⑨
ノ	⊖	⓪	①	②	③	④	⑤	⑥	⑦	⑧	⑨
ハ	⊖	⓪	①	②	③	④	⑤	⑥	⑦	⑧	⑨
ヒ	⊖	⓪	①	②	③	④	⑤	⑥	⑦	⑧	⑨
フ	⊖	⓪	①	②	③	④	⑤	⑥	⑦	⑧	⑨
ヘ	⊖	⓪	①	②	③	④	⑤	⑥	⑦	⑧	⑨
ホ	⊖	⓪	①	②	③	④	⑤	⑥	⑦	⑧	⑨

MATHEMATICS

東進

共通テスト実戦問題集
数学Ⅰ・A

〈3訂版〉

解答解説編

Answer / Explanation

東進ハイスクール・東進衛星予備校 講師

志田 晶

SHIDA Akira

はじめに

本書は,2021年から実施されている「大学入学共通テスト（以下,共通テスト）」数学Ⅰ・Aの対策問題集である。共通テストの出題形式に基づき作成したオリジナル問題5回分の問題とその解答解説を収録している。また,「はじめに」と各回の解答解説冒頭（扉(とびら)）に,共通テストの全体概要や各大問の出題傾向に関するワンポイント解説動画のQRコードを掲載した。

◆共通テスト「数学Ⅰ・A」の出題傾向

共通テストは,**高校数学の教科書程度の内容を客観形式で問う試験**と位置付けられている。高校数学の一般的な形式で出題されていたセンター試験のような問題も出題されるが,日常生活に絡めた問題や会話文からヒントを得る問題など,共通テストの特徴である数学的な思考力や判断力が必要となる問題も出題される。

◆共通テスト「数学Ⅰ・A」の対策

共通テストの数学は客観形式であり,日常生活に関する問題が出題される点などは国公立大の2次試験と異なるが,数学の試験であることに変わりはない。

よって,まずは教科書や教科書傍用問題集などでしっかりとした基礎力を身に付けること。これが共通テスト対策の第一歩になるだろう。

次に,共通テスト特有の問題（日常生活に関する問題,会話文から読み解く問題）に対応するための演習をし,その出題形式に慣れることが重要だ。

◆本書の活用方法

オリジナル問題の制作にあたっては,2022年に公表された試作問題に加え,共通テストの問題を徹底的に分析。本番と同様の出題形式,傾向,難易度の問題を収録した。

本書を使って勉強する際には,まず70分の時間を計って問題を解いてみよう。問題を解き終えたあとは採点を行い,解答解説を読もう。間違えた問題,わからなかった問題については,教科書や参考書の関連する分野・単元を見直すことが重要だ（問題を解けない原因は，ほとんどの場合，教科書に掲載されている基本事項に抜けがあることだ）。

解けなかった問題は，1週間程度の時間を空けてから，解き直しをするとよい。解き直しをする際には，各大問を解くのに何分程度かかったかをメモしておこう。そうすることで，時間をかけすぎている分野，つまり，自分自身の苦手な分野がわかる。自分に合った時間配分を決めるとともに，苦手分野を重点的に勉強し，克服しよう。

【学習の進め方】

時間を計って問題を解く
↓
採点をする
↓
解答解説を読む
↓
教科書・参考書で復習する

（繰り返す）

受験生の皆さんにとって，本書が共通テストへ向けた最善の対策の第一歩になることを切に願っている。ぜひ本書を有効活用してほしい。

2024年6月　志田晶

本書の特長

❶ 実戦力が身に付く問題集

本書では，共通テストと同じ形式・レベルのオリジナル問題5回分の実戦問題を用意した。

共通テストで高得点を得るためには，大学教育を受けるための基礎知識はもとより，思考力や判断力など総合的な力が必要となる。そのような力を養うためには，何度も問題演習を繰り返し，出題形式に慣れ，出題の意図をつかんでいかなければならない。本書に掲載されている問題は，その訓練に最適なものばかりである。本書を利用し，何度も問題演習に取り組むことで，実戦力を身に付けていこう。

❷ 東進実力講師によるワンポイント解説動画

「はじめに」と各回の解答解説冒頭（扉）に，ワンポイント解説動画のＱＲコードを掲載。スマートフォンなどで読み取れば，解説動画が視聴できる仕組みになっている。解説動画を見て，共通テストの全体概要や各大問の出題傾向をつかもう。

【解説動画の内容】

解説動画	ページ	解説内容
はじめに	3	本書の使い方
第１回	15	共通テスト「数学Ⅰ・A」の全体概要
第２回	31	共通テスト「数学Ⅰ・A」第２問の出題傾向と対策
第３回	47	共通テスト「数学Ⅰ・A」第３問の出題傾向と対策
第４回	63	共通テスト「数学Ⅰ・A」第１問の出題傾向と対策
第５回	81	共通テスト「数学Ⅰ・A」第４問の出題傾向と対策

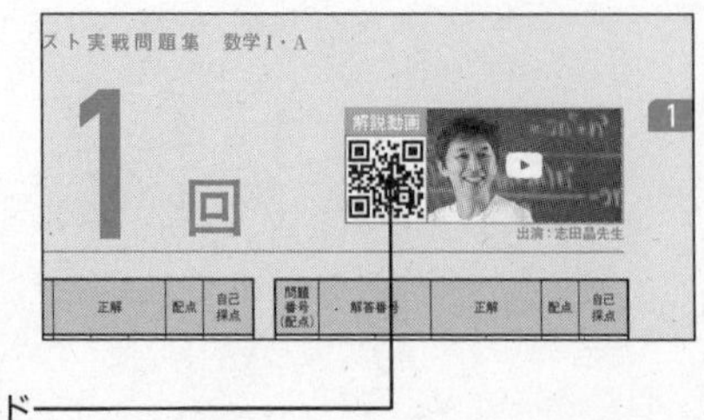

QRコード

③ 詳しくわかりやすい解説

本書では，入試問題を解くための知識や技能が習得できるよう，様々な工夫を凝らしている。問題を解き，採点を行ったあとは，しっかりと解説を読み，復習を行おう。

【解説の構成】

❶配点表

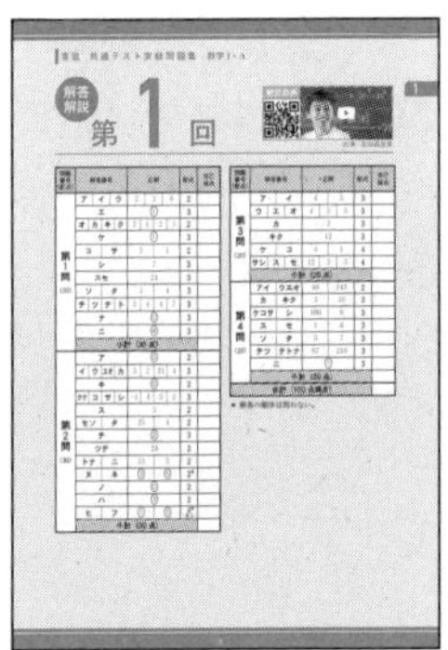

正解と配点の一覧表。各回の扉に掲載。マークシートの答案を見ながら，自己採点欄に採点結果を記入しよう。

問題番号(配点)	解答番号	正解	配点	自己採点
第1問 (30)	アイウ	2 3 8	2	
	エ	①	3	
	オカキク	2 1 2 3	2	
	ケ	①	3	
	コ サ	3 1	2	
	シ	7	3	
	スセ	24	3	
	ソ タ	3 4	3	
	チツテト	3 4 4 7	3	
	ナ	⓪	3	
	ニ	④	3	
	小計（30点）			
	ア	⓪	2	

問題番号(配点)	解答番号
第3問 (20)	ア イ
	ウ エ オ
	カ
	キク
	ケ コ
	サシ ス セ
	小計
第4問 (20)	アイ ウエオ
	カ キク
	ケコサ シ
	ス セ
	ソ タ
	チツ テトナ

❷解説

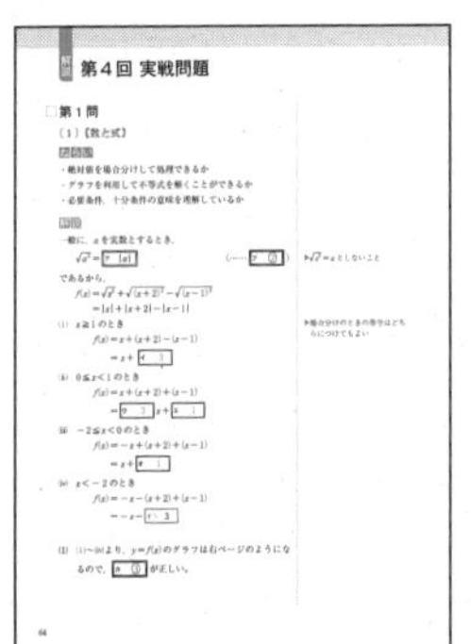

設問の解説に入る前に，「出題分野」と「出題のねらい」を説明する。まずは，こちらを確認して出題者の視点をつかもう。設問ごとの解説では，知識や解き方をわかりやすく説明する。

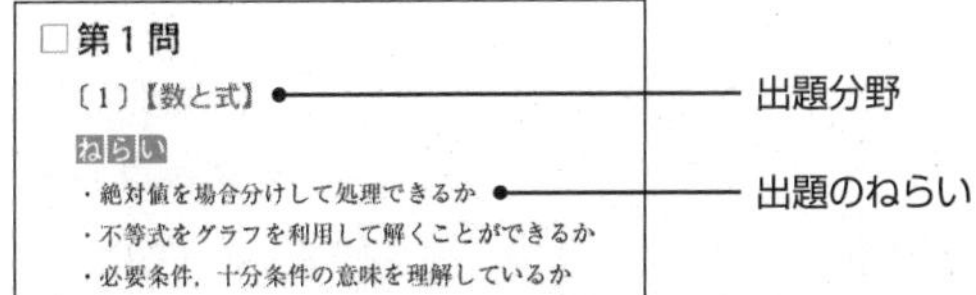

本書の使い方

別冊　問題編

本書は，別冊に問題，本冊に解答解説が掲載されている。まずは，別冊の問題を解くところから始めよう。

❶ 注意事項を読む

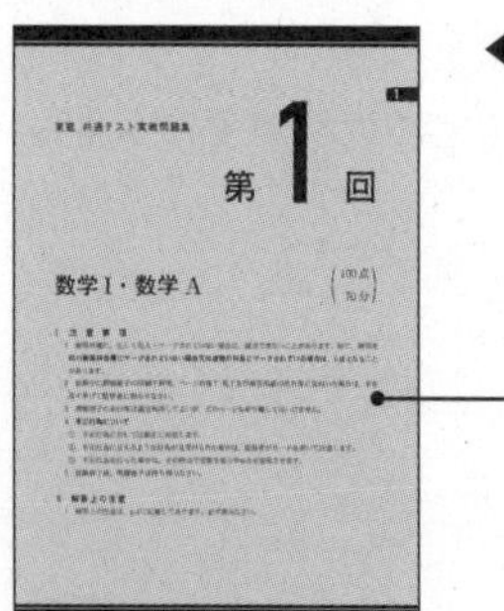
東進 共通テスト実戦問題集

第1回

数学Ⅰ・数学A　（100点 70分）

◀問題編 扉

問題編各回の扉に，問題を解くにあたっての注意事項を掲載（解答上の注意は別冊 p.4 に記載）。本番同様，問題を解く前にしっかりと読もう。

❷ 問題を解く

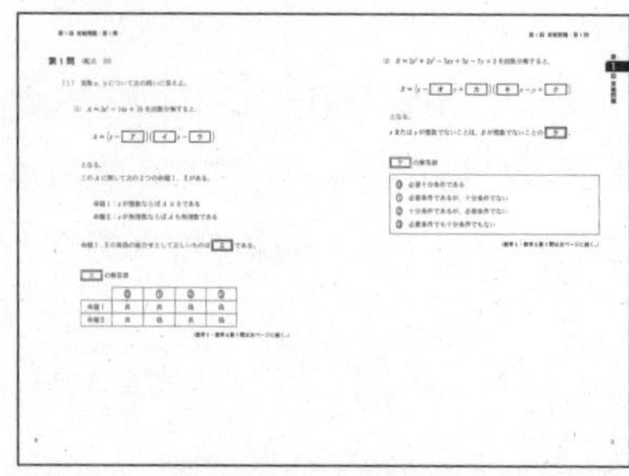

◀問題（全５回収録）

実際の共通テストの問題を解く状況に近い条件で問題を解こう。タイマーを 70 分に設定し，時間厳守で解答すること。

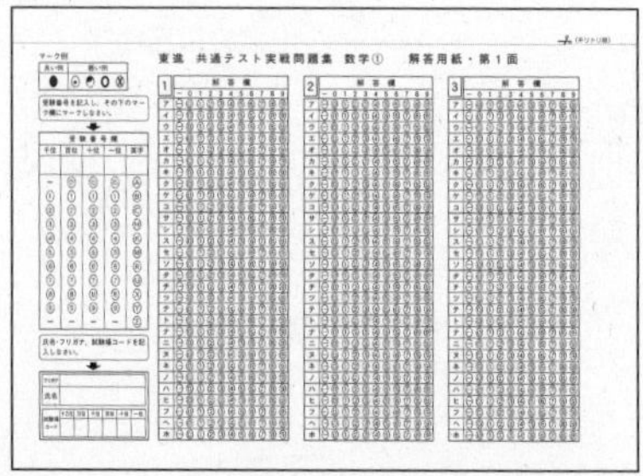
東進 共通テスト実戦問題集 数学①　解答用紙・第１面

◀マークシート

解答は本番と同じように，付属のマークシートに記入するようにしよう。複数回実施するときは，コピーをして使おう。

本冊　解答解説編

❶ 採点をする／ワンポイント解説動画を視聴する

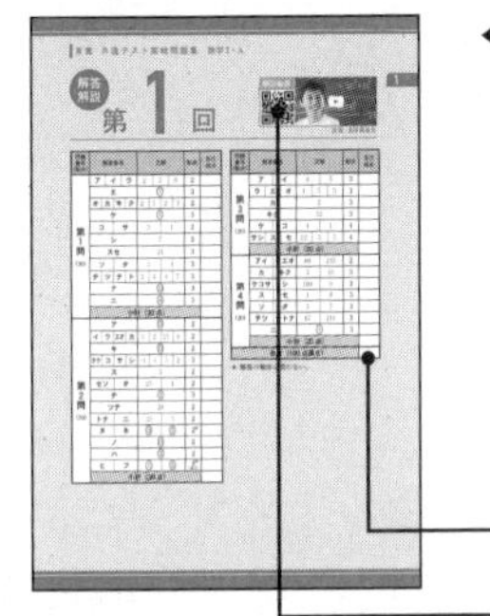

◀解答解説編 扉

各回の扉には，正解と配点の一覧表が掲載されている。問題を解き終わったら，正解と配点を見て採点しよう。また，右上部のＱＲコードをスマートフォンなどで読み取ると，著者によるワンポイント解説動画を見ることができる。

❷ 解説を読む

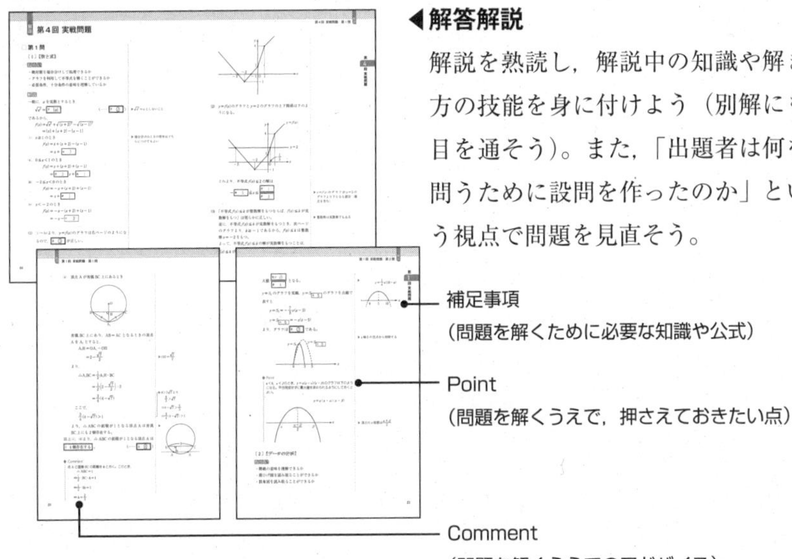

◀解答解説

解説を熟読し，解説中の知識や解き方の技能を身に付けよう（別解にも目を通そう）。また，「出題者は何を問うために設問を作ったのか」という視点で問題を見直そう。

❸ 復習する

再びタイマーを 70 分に設定して，マークシートを使いながら解き直そう。

目次

特集①～共通テストについて～

1 大学入試の種類

大学入試は「**一般選抜**」と「**特別選抜**」に大別される。一般選抜は高卒（見込）・高等学校卒業程度認定試験合格者（旧大学入学資格検定合格者）ならば受験できるが，特別選抜は大学の定めた条件を満たさなければ受験できない。

❶一般選抜

一般選抜は１月に実施される「**共通テスト**」と，主に２月から３月にかけて実施される大学独自の「**個別学力検査**」（以下，**個別試験**）のことを指す。国語，地理歴史（以下，地歴），公民，数学，理科，外国語といった学力試験による選抜が中心となる。

国公立大では，１次試験で共通テスト，２次試験で個別試験を課し，これらを総合して合否が判定される。

一方，私立大では，大きく分けて①**個別試験のみ**，②**共通テストのみ**，③**個別試験と共通テスト**，の３通りの型があり，②③を「**共通テスト利用方式**」と呼ぶ。

❷特別選抜

特別選抜は「**学校推薦型選抜**」と「**総合型選抜**」に分かれる。

学校推薦型選抜とは，出身校の校長の推薦により，主に調査書で合否を判定する入試制度である。大学が指定した学校から出願できる「**指定校制推薦**」と，出願条件を満たせば誰でも出願できる「**公募制推薦**」の大きく２つに分けられる。

総合型選抜は旧「ＡＯ入試」のことで，大学が求める人物像（アドミッション・ポリシー）と受験生を照らし合わせて合否を判定する入試制度である。

かつては原則として学力試験が免除されていたが，近年は学力要素の適正な把握が求められ，国公立大では共通テストを課すことが増えてきている。

② 共通テストの基礎知識

❶共通テストとは

共通テストとは,「独立行政法人 大学入試センター」が運営する**全国一斉の学力試験（マークシート方式）**である。

2013年に教育改革の提言がなされ,大学入試改革を含む教育改革が本格化した。そこでは,これからの時代に必要な力として,①知識･技能の確実な習得,②（①を基にした）思考力・判断力・表現力,③主体性を持って多様な人々と協働して学ぶ態度,の「**学力の三要素**」が挙げられている。共通テストでは,これらの要素を評価するための問題が出題される。

さらに,「学習指導要領」が改訂されたことに伴い,2025年度入試からは,新学習指導要領（新課程）による入試が始まる。共通テストに関する大きな変更点としては,「入試教科・科目」の変更と「試験時間」の変更が挙げられる。

❷新課程における変更点

【教科】

・「情報」の追加

【科目】

・「歴史総合」「地理総合」「公共」の新設
　※必履修科目を含む6選択科目に再編
・数学②は「数学Ⅱ,数学B,数学C」1科目に
　※「簿記・会計」「情報関係基礎」の廃止

【試験時間】

・国　語：80分→90分
・数学②：60分→70分
・情　報：60分
・理科は1グループに試験時間がまとめられる

❸出題教科・科目の出題方法（2025年度入試）

教科	出題科目	出題方法 （出題範囲，出題科目選択の方法等）	試験時間 （配点）
国語	『国語』	・「現代の国語」及び「言語文化」を出題範囲とし，近代以降の文章及び古典（古文，漢文）を出題する。	90分（200点） **（注1）**
地理歴史 公民	『地理総合，地理探究』 『歴史総合，日本史探究』 『歴史総合，世界史探究』 『公共，倫理』 『公共，政治・経済』 （以上→(b)） 『地理総合／歴史総合／公共』 →(a) (a)：必履修科目を組み合わせた出題科目 (b)：必履修科目と選択科目を組み合わせた出題科目	・左記出題科目の６科目のうちから最大２科目を選択し，解答する。 ・(a)の『地理総合／歴史総合／公共』は，「地理総合」，「歴史総合」及び「公共」の３つを出題範囲とし，そのうち２つを選択解答する（配点は各50点）。 ・2科目を選択する場合，以下の組合せを選択することはできない。 (b)のうちから2科目を選択する場合 『公共，倫理』と『公共，政治・経済』の組合せを選択することはできない。 (b)のうちから1科目及び(a)を選択する場合 (b)については，(a)で選択解答するものと同一名称を含む科目を選択することはできない。**（注2）** ・受験する科目数は出願時に申し出ること。	1科目選択 60分（100点） 2科目選択 130分**（注3）** （うち解答時間120分）（200点）
数学①	『数学Ⅰ，数学A』 『数学Ⅰ』	・左記出題科目の２科目のうちから１科目を選択し，解答する。 ・「数学A」については，図形の性質，場合の数と確率の２項目に対応した出題とし，全てを解答する。	70分（100点）
数学②	『数学Ⅱ，数学B，数学C』	・「数学B」及び「数学C」については，数列（数学B），統計的な推測（数学B），ベクトル（数学C）及び平面上の曲線と複素数平面（数学C）の４項目に対応した出題とし，４項目のうち３項目の内容の問題を選択解答する。	70分（100点）
理科	『物理基礎／化学基礎／生物基礎／地学基礎』 『物理』 『化学』 『生物』 『地学』	・左記出題科目の５科目のうちから最大２科目を選択し，解答する。 ・『物理基礎／化学基礎／生物基礎／地学基礎』は，「物理基礎」，「化学基礎」，「生物基礎」及び「地学基礎」の４つを出題範囲とし，そのうち２つを選択解答する（配点は各50点）。 ・受験する科目数は出願時に申し出ること。	1科目選択 60分（100点） 2科目選択 130分**（注3）** （うち解答時間120分）（200点）
外国語	『英語』 『ドイツ語』 『フランス語』 『中国語』 『韓国語』	・左記出題科目の５科目のうちから１科目を選択し，解答する。 ・『英語』は，「英語コミュニケーションⅠ」，「英語コミュニケーションⅡ」及び「論理・表現Ⅰ」を出題範囲とし，【リーディング】及び【リスニング】を出題する。受験者は，原則としてその両方を受験する。その他の科目については，『英語』に準じる出題範囲とし，【筆記】を出題する。 ・科目選択に当たり，『ドイツ語』，『フランス語』，『中国語』及び『韓国語』の問題冊子の配付を希望する場合は，出願時に申し出ること。	『英語』 （【リーディング】 80分（100点） 【リスニング】 60分**（注4）** （うち解答時間30分）（100点）） 『ドイツ語』『フランス語』『中国語』『韓国語』 【筆記】 80分（200点）
情報	『情報Ⅰ』		60分（100点）

（備考）『　』は大学入学共通テストにおける出題科目を表し，「　」は高等学校学習指導要領上設定されている科目を表す。
また，『地理総合／歴史総合／公共』や『物理基礎／化学基礎／生物基礎／地学基礎』にある"／"は，一つの出題科目の中で複数の出題範囲を選択解答することを表す。

（注1）『国語』の分野別の大問数及び配点は，近代以降の文章が3問110点，古典が2問90点（古文・漢文各45点）とする。

（注2） 地理歴史及び公民で2科目を選択する受験者が，(b)のうちから１科目及び(a)を選択する場合において，選択可能な組合せは以下のとおり。
・(b)のうちから『地理総合，地理探究』を選択する場合，(a)では「歴史総合」及び「公共」の組合せ
・(b)のうちから『歴史総合，日本史探究』又は『歴史総合，世界史探究』を選択する場合，(a)では「地理総合」及び「公共」の組合せ
・(b)のうちから『公共，倫理』又は『公共，政治・経済』を選択する場合，(a)では「地理総合」及び「歴史総合」の組合せ

（注3） 地理歴史及び公民並びに理科の試験時間において2科目を選択する場合は，解答順に第1解答科目及び第2解答科目に区分し各60分間で解答を行うが，第1解答科目及び第2解答科目の間に答案回収等を行うために必要な時間を加えた時間を試験時間とする。

（注4）【リスニング】は，音声問題を用い30分間で解答を行うが，解答開始前に受験者に配付したICプレーヤーの作動確認・音量調節を受験者本人が行うために必要な時間を加えた時間を試験時間とする。
なお，『英語』以外の外国語を受験した場合，【リスニング】を受験することはできない。

特集②～共通テスト「数学I・A」の傾向と対策～

ここでは，大学入試センターが2022年に公表した試作問題に基づき，共通テスト「数学I・A」の出題内容・形式について解説する。

❶ 配点と大問構成

「数学I・A」の配点は，これまでの共通テストと変わらず，100点満点。ただし，大問構成が大きく変化し，選択問題は廃止。「整数の性質」からの出題がなくなり，全4問が必答問題になる。試作問題では，第1問・第2問が「数学I」からの出題（各30点），第3問・第4問が「数学A」からの出題（各20点）であり，具体的には下表の通りである。

【試作問題の構成】

問題番号	分野	配点
第1問（必答問題）	〔1〕数と式	10
	〔2〕図形と計量	20
第2問（必答問題）	〔1〕2次関数	15
	〔2〕データの分析	15
第3問（必答問題）	図形の性質	20
第4問（必答問題）	場合の数と確率	20

【2024年度 共通テスト】

問題番号	分野	配点
第1問（必答問題）	〔1〕数と式	10
	〔2〕図形と計量	20
第2問（必答問題）	〔1〕2次関数	15
	〔2〕データの分析	15
第3問（選択問題）	場合の数と確率	20
第4問（選択問題）	整数の性質	20
第5問（選択問題）	図形の性質	20

【2023年度 共通テスト】

問題番号	分野	配点
第1問（必答問題）	〔1〕数と式	10
	〔2〕図形と計量	20
第2問（必答問題）	〔1〕データの分析	15
	〔2〕2次関数	15
第3問（選択問題）	場合の数と確率	20
第4問（選択問題）	整数の性質	20
第5問（選択問題）	図形の性質	20

❷ 問題の分量

試作問題では第4問の文章量が多く，全体としての分量は多かった。試験時間は前年までと変わらず，70分のままである（センター試験時代は60分）。時間が足りなくなる受験生もいるので，時間配分の戦略は高得点を取るうえでのカギといえそうだ。

❸ 出題形式や内容

以下，今後の共通テストの出題形式や内容として，注意が必要なものを説明する。

❶高度な数学を題材とする問題，有名事実に関する証明問題

2022年度 共通テストの数学Ⅰ・Aでは，完全順列（攪乱(かくらん)順列）を題材とした問題（第3問）が出題され，2021年度 共通テスト第2日程の数学Ⅱ・Bでは，正三角形に関する有名事実（数学Ⅰ・Aの「図形の性質」で習う定理）に関する問題が出題された。このような高度な数学を題材とする問題や有名事実に関する問題を解くうえでは，類題の演習経験や背景知識の会得が重要になる。

❷日常生活に関する問題や「データの分析」での資料の読み取り問題

日常生活に関する問題は，共通テストになって初めて出題された。難易度は高くないものの，形式に慣れていない受験生や，問題文の意味を読み取れていない受験生が多かったことから，2021年度，2022年度の共通テストではともに得点率が低かった。日常生活に関する問題は「図形と計量」，「2次関数」で出題され，今後もこの2分野での出題が予想される。

また，「データの分析」について，従来は変数変換や人数変化などの数学的解析が必要な問題が多かったが，共通テストではデータや資料の読み取り問題を中心に出題された。慣れているかどうかに左右されるので，予備校の模試等を活用して，本番形式の問題に数多く取り組むことが効果的であろう。

❸複数の解答を吟味する問題

2022年度 共通テストでは，特殊解を発見しにくい1次不定方程式の整数解を，

ユークリッドの互除法ではなく係数の剰余などに着目して求める問題が出題された。さらに試行調査では，Aという解法を見たあとに，Bという別の解法を議論する形式の問題も出題された（2022年度 共通テストの数学Ⅱ・Bでは，この形式の問題が出題された）。

このような一般的ではない解法の誘導や複数の解法を議論する問題の対策として，日頃から問題を解いたあとに，別解も考えてみることが重要である。

④ 学習アドバイス

大切なことは，共通テストもあくまで数学の試験の1つであり，共通テストの点数と数学力の間には確実に正の相関関係があるということだ。まずは，安定した数学力をつけること。そして，共通テスト対策に特化するのではなく，記述式問題，証明問題にも取り組むようにしよう。また，日頃から「なぜそうなるのか」という理屈や根拠を追求し，考えることのできる姿勢を身に付けよう。

共通テストでは，多量の問題を短時間で解く力，資料読み取り問題などを素早く処理する力も問われる。本書や模試を活用し，共通テストの出題形式に慣れるとともに，各問題に○○分かけるなどと，あらかじめ時間配分を決めて問題を解くようにするとよいだろう。

解答解説 第1回

出演：志田晶先生

問題番号(配点)	解答番号	正解	配点	自己採点
第1問 (30)	ア イ ウ	2 3 8	2	
	エ	①	3	
	オ カ キ ク	2 1 2 3	2	
	ケ	①	3	
	コ サ	3 1	2	
	シ	7	3	
	スセ	24	3	
	ソ タ	3 4	3	
	チ ツ テ ト	3 4 4 7	3	
	ナ	⓪	3	
	ニ	④	3	
	小計（30点）			
第2問 (30)	ア	⓪	2	
	イ ウ エオ カ	3 2 21 4	2	
	キ	⓪	2	
	クケ コ サ シ	-1 4 5 2	3	
	ス	5	2	
	セソ タ	25 4	2	
	チ	②	3	
	ツテ	28	2	
	トナ ニ	33 5	2	
	ヌ ネ	③ ⑤	2*	
	ノ	⓪	2	
	ハ	③	2	
	ヒ フ	① ⑤	4*(各2)	
	小計（30点）			

問題番号(配点)	解答番号	正解	配点	自己採点
第3問 (20)	ア イ	4 5	3	
	ウ エ オ	4 5 5	3	
	カ	2	3	
	キク	12	3	
	ケ コ	4 1	4	
	サシ ス セ	12 3 5	4	
	小計（20点）			
第4問 (20)	アイ ウエオ	80 243	2	
	カ キク	3 10	3	
	ケコサ シ	160 9	3	
	ス セ	1 8	3	
	ソ タ	5 7	3	
	チツ テトナ	67 216	3	
	ニ	①	3	
	小計（20点）			
合計（100点満点）				

＊ 解答の順序は問わない。

解説

第1回 実戦問題

□第1問

〔1〕【数と式】

ねらい

・多項式を因数分解できるか
・命題の真偽を判定できるか
・必要条件，十分条件を判定できるか

解説

(1) $A = 3x^2 - 14x + 16$

$= (x - \boxed{ア\ 2})(\boxed{イ\ 3}\, x - \boxed{ウ\ 8})$

命題Ⅰについて，

$A < 0 \Leftrightarrow 2 < x < \dfrac{8}{3}$

より，x が整数ならば，$A \geqq 0$ である。よって，命題Ⅰは真。

▶$2 < x < \dfrac{8}{3}$ の範囲に整数は存在しない

命題Ⅱについて，対偶

「A が無理数でないならば x は無理数でない」

は偽である。よって，命題Ⅱは偽。

▶反例
$A = 4$ のとき $x = \dfrac{7 \pm \sqrt{13}}{3}$ である

したがって，正しいものは $\boxed{エ\ ①}$ である。

(2) $B = 2x^2 + 2y^2 - 5xy + 5x - 7y + 3$

$= 2x^2 + (-5y + 5)x + 2y^2 - 7y + 3$

$= 2x^2 + (-5y + 5)x + (y - 3)(2y - 1)$

$= \{x - (2y - 1)\}\{2x - (y - 3)\}$

$= (x - \boxed{オ\ 2}\, y + \boxed{カ\ 1})$

$\times (\boxed{キ\ 2}\, x - y + \boxed{ク\ 3})$

▶
$$\begin{array}{lll} 1 & -(2y-1) & \to -4y+2 \\ 2 & -(y-3) & \to -y+3 \\ \hline & & -5y+5 \end{array}$$

ここで，命題

「x，y がともに整数ならば B は整数である」

は，明らかに真であるから，対偶を考えると，命題

「B が整数でないならば x または y が整数でない」

も真である。

一方，命題

「B が整数ならば x，y はともに整数である」

は偽であるから，対偶を考えると，命題

「x または y が整数でないならば B は整数でない」

も偽である。

したがって，x または y が整数でないことは，B が整数でないことの ケ 必要条件であるが，十分条件でな  。　(…… 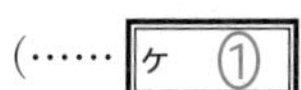 ケ ①)

▶反例
$B=2$ のとき，$\begin{cases} x-2y+1=1 \\ 2x-y+3=2 \end{cases}$
となる x，y を考えると，
$x=-\dfrac{2}{3}$，$y=-\dfrac{1}{3}$

〔２〕【図形と計量】

ねらい

・$\tan\theta$ を用いて高さを表現できるか
・三角比の表を使えるか
・余弦定理を用いることができるか

解説

(1)

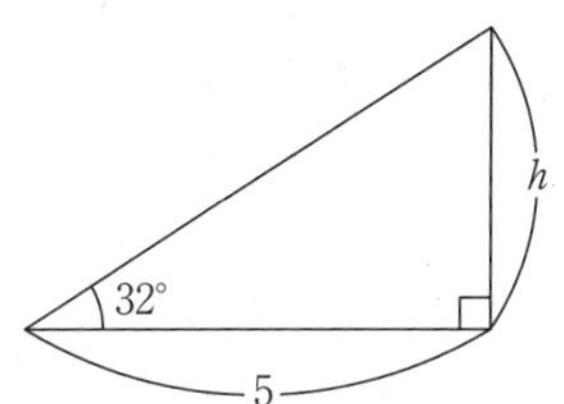

気球の高度を h とすると，上図より，

$$h=5\tan 32^\circ$$
$$=5\times 0.6249$$
$$=3.1245 \fallingdotseq \boxed{コ\ 3}.\boxed{サ\ 1}\ (\mathrm{km})$$

▶ $\tan 32^\circ=\dfrac{h}{5}$

(2)

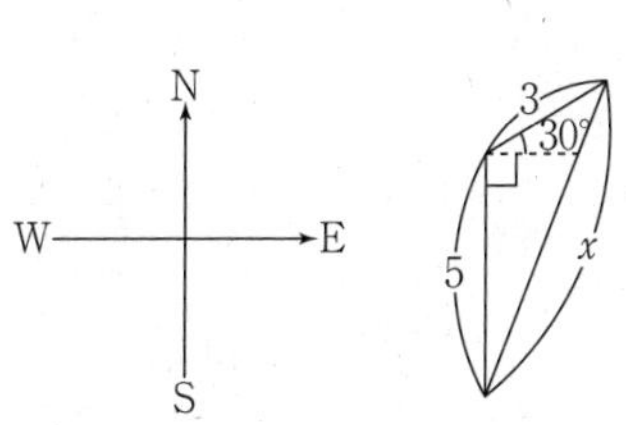

観測者から気球までの水平距離を x km とおくと，余弦定理より，

$$x^2=5^2+3^2-2\cdot5\cdot3\cos120^\circ$$
$$=25+9+15$$
$$=49$$
$$\therefore\ x=\boxed{\text{シ}\ 7}\ \text{(km)}$$

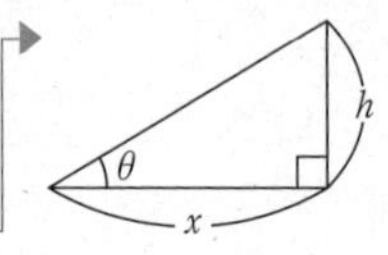

したがって，

$$\tan\theta=\frac{h}{x}=\frac{3.1245}{7}=0.4463\cdots$$

三角比の表より

$$n=\boxed{\text{スセ}\ 24}$$

▶$\tan24^\circ\leqq\tan\theta<\tan25^\circ$ より，$24^\circ\leqq\theta<25^\circ$

〔３〕【図形と計量】

ねらい

・正弦定理を使うことができるか
・三角形の面積が最大となる点の位置がわかるか
・方程式の解の個数を図から読み取ることができるか

解説

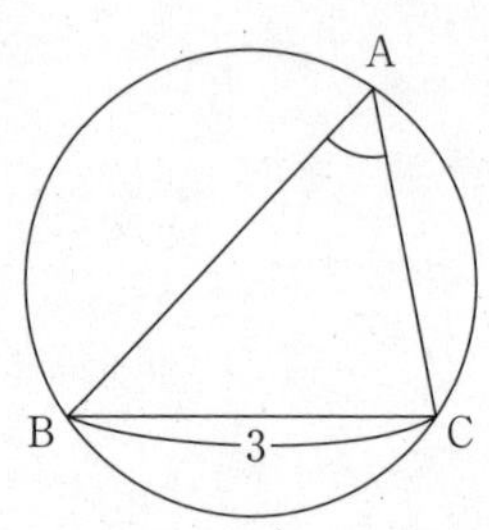

正弦定理より，

$$2\cdot2=\frac{3}{\sin A}$$

$$\therefore\ \sin A=\frac{\boxed{\text{ソ}\ 3}}{\boxed{\text{タ}\ 4}}$$

▶△ABC の外接円の半径を R とすると，$2R=\dfrac{a}{\sin A}$

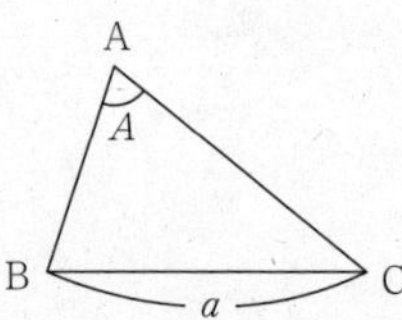

点 A が動くとすると，△ ABC の面積は，AB＝AC

かつ点 A が優弧 BC（長い方の弧 BC）上にあるとき，最大となる。

▶点 A から直線 BC に下ろした垂線の長さを最大にすればよい

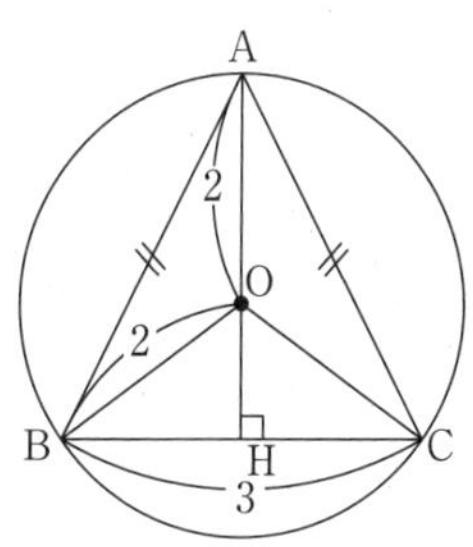

このとき，円の中心 O から直線 BC に下ろした垂線の足を H とすると，

▶3 点 A，O，H は一直線上になる

$$OH=\sqrt{OB^2-BH^2}$$
$$=\sqrt{2^2-\left(\frac{3}{2}\right)^2}$$
$$=\frac{\sqrt{7}}{2}$$

▶三平方の定理

▶$BH=\frac{1}{2}BC=\frac{3}{2}$

よって，△ABC の面積の最大値は，

$$\frac{1}{2}AH\cdot BC$$
$$=\frac{1}{2}\left(2+\frac{\sqrt{7}}{2}\right)\cdot 3$$
$$=\frac{\boxed{チ\ 3}}{\boxed{ツ\ 4}}\left(\boxed{テ\ 4}+\sqrt{\boxed{ト\ 7}}\right)$$

△ABC の面積が 5 となる頂点 A は，

$$5>\frac{3}{4}(4+\sqrt{7})$$

より，ナ 存在しない。　　　　（……ナ ⓪）

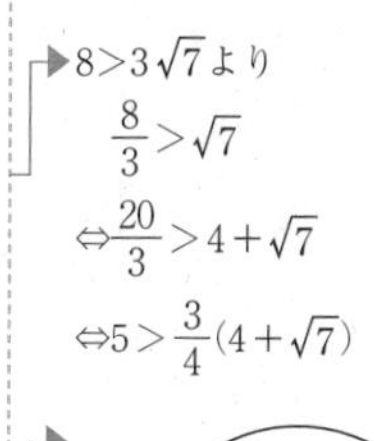
▶$8>3\sqrt{7}$ より
$\frac{8}{3}>\sqrt{7}$
$\Leftrightarrow\frac{20}{3}>4+\sqrt{7}$
$\Leftrightarrow 5>\frac{3}{4}(4+\sqrt{7})$

△ABC の面積が 1 となる頂点 A は，

(i)　頂点 A が優弧 BC 上にあるとき

$$\frac{3}{4}(4+\sqrt{7})>1$$

より，優弧 BC 上に 2 個存在する。

▶

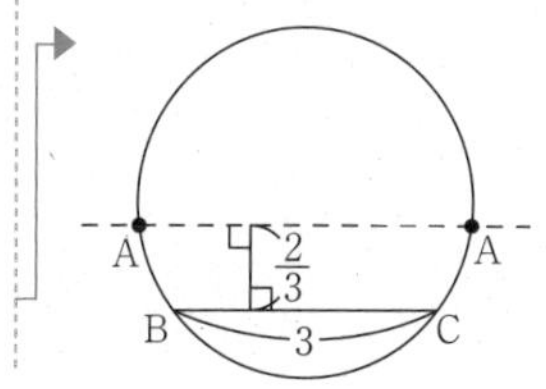

(ii) 頂点 A が劣弧 BC（短い方の弧 BC）上にあるとき

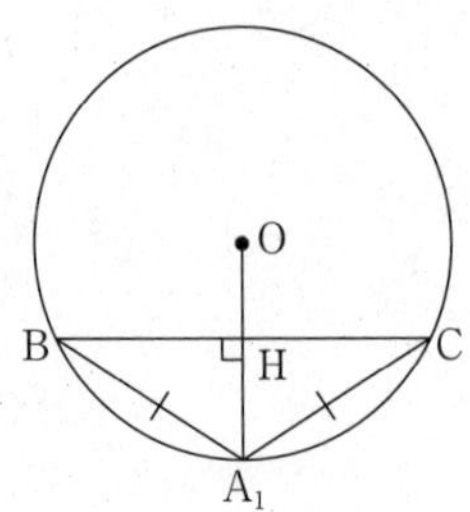

劣弧 BC 上にあり，AB＝AC となるときの頂点 A を A_1 とすると，

$$A_1H = OA_1 - OH = 2 - \frac{\sqrt{7}}{2}$$

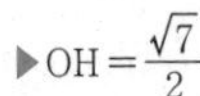

より，

$$\triangle A_1BC = \frac{1}{2}A_1H \cdot BC = \frac{1}{2}\left(2 - \frac{\sqrt{7}}{2}\right) \cdot 3 = \frac{3}{4}(4 - \sqrt{7})$$

ここで，

$$\frac{3}{4}(4 - \sqrt{7}) > 1$$

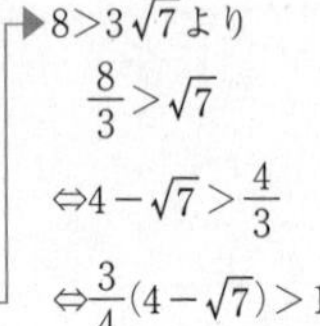

より，△ ABC の面積が 1 となる頂点 A は劣弧 BC 上にも 2 個存在する。

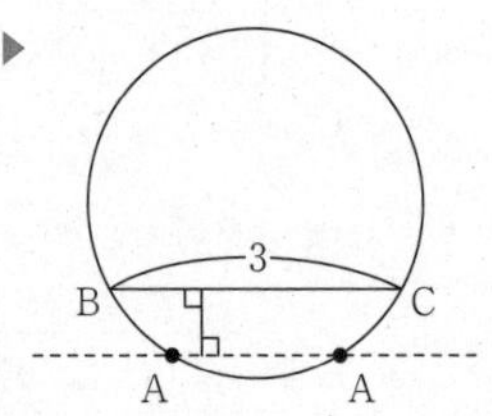

以上(i)，(ii)より，△ ABC の面積が 1 となる頂点 A は

ニ 4 個存在する 。 (…… ニ ④)

◆ Comment

点 A と直線 BC の距離を h とおく。このとき，

$$\triangle ABC = 1$$
$$\Leftrightarrow \frac{1}{2} \cdot BC \cdot h = 1$$
$$\Leftrightarrow \frac{1}{2} \cdot 3h = 1$$
$$\Leftrightarrow h = \frac{2}{3}$$

直線 BC に平行で，直線 BC との距離が $\frac{2}{3}$ である直線は２本存在する。これらの直線と円の交わりを考えると，
△ ABC＝1 となる頂点 A は 4 個存在する。

▶
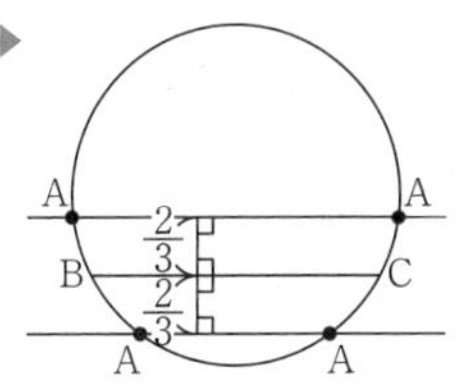

第２問

〔1〕【２次関数】

ねらい

・与えられた条件から，面積を求めることができるか
・2 次関数の最大値を求めることができるか
・2 つの 2 次関数のグラフの位置関係を理解できるか

解説

$a=3$ のとき，以下のような図になる。

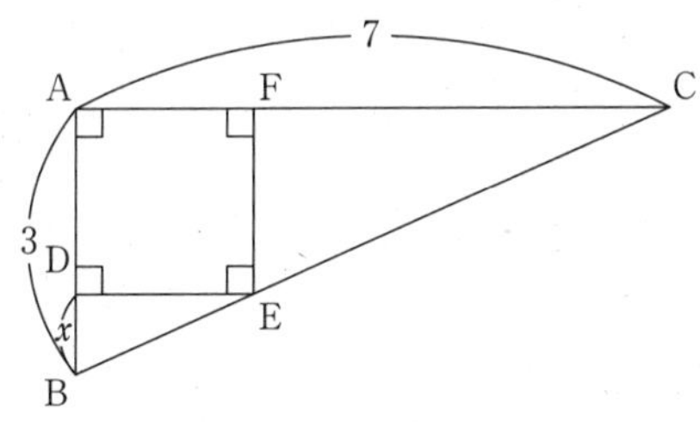

▶AB＋AC＝10 より，AB＝3 のとき，AC＝7

(1)　BD＝x のとき，

　AD＝$3-x$　　▶AD＝AB－BD

△ ABC ∽ △ DBE より，

　$3:7=x:\mathrm{DE}$　　▶AB：AC＝DB：DE

　$3\mathrm{DE}=7x$

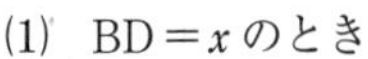

　∴　DE＝ ア $\frac{7}{3}x$　　（……ア ⓪）

(2)　(1)より，

　$S_3=\mathrm{DE}\times\mathrm{AD}$

　$=\frac{7}{3}x(3-x)$

よって，$0<x<3$ において，S_3 は $x=\frac{\text{イ}\ 3}{\text{ウ}\ 2}$ のとき，

▶x の範囲は $0<x<3$

最大値 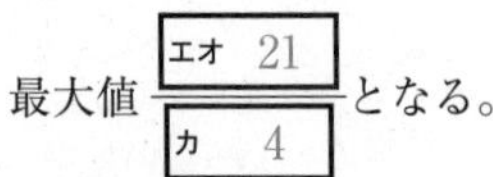

となる。

▶ $y=\frac{7}{3}x(3-x)$

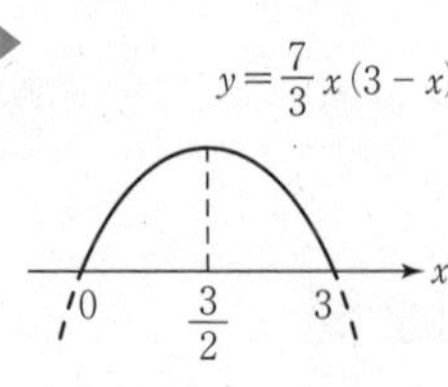

AB＝a のとき，

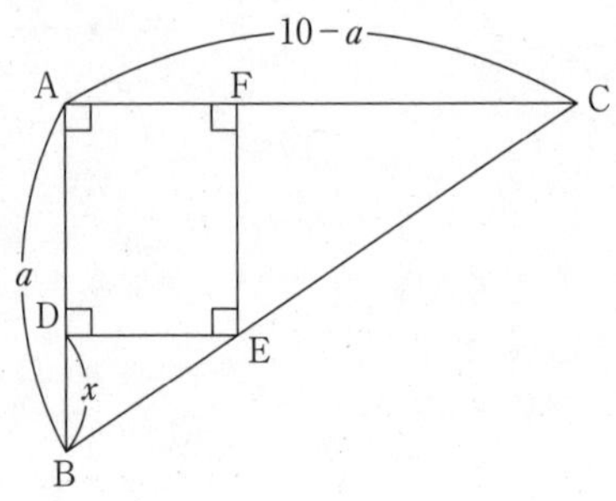

$$AD=a-x$$

▶ AD＝AB－BD

△ABC∽△DBE より

$$a:10-a=x:DE$$

▶ AB：AC＝DB：DE

$$a\text{DE}=(10-a)x$$

$$\therefore\quad \text{DE}=\frac{10-a}{a}x$$

これより，

$$S_a=\text{DE}\times\text{AD}$$

$$=\frac{10-a}{a}x\times(a-x)$$

$$=\boxed{\text{キ}\ \frac{10-a}{a}}(ax-x^2)\qquad(\cdots\cdots\ \boxed{\text{キ}\ ⓪}\ )$$

(3)　$0<x<a$ において，S_a は $x=\frac{1}{2}a$ のとき，最大値

$$\frac{1}{4}a(10-a)=\frac{\boxed{\text{クケ}\ -1}}{\boxed{\text{コ}\ 4}}a^2+\frac{\boxed{\text{サ}\ 5}}{\boxed{\text{シ}\ 2}}a$$

をとる。

これは $0<a<10$ において，$a=\boxed{\text{ス}\ 5}$ のとき，最

▶ S_a の定義域は $0<x<a$

▶ $y=\frac{10-a}{a}x(a-x)$

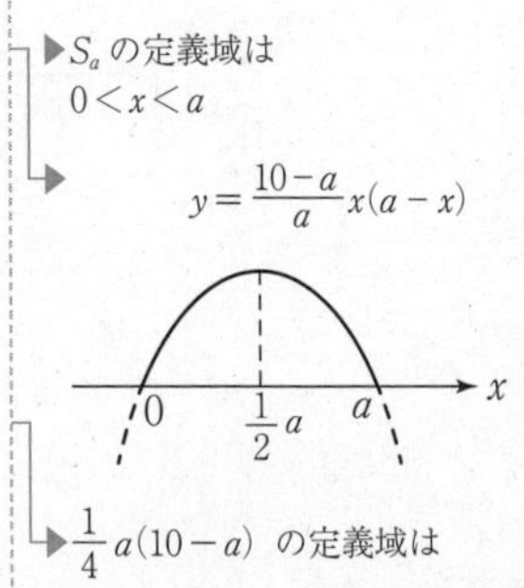

▶ $\frac{1}{4}a(10-a)$ の定義域は $0<a<10$

大値 $\dfrac{\boxed{\text{セソ}\ 25}}{\boxed{\text{タ}\ 4}}$ となる。

▶

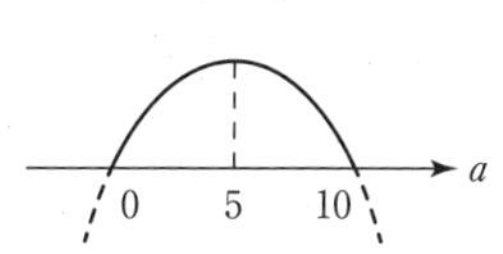

$y=S_3$ のグラフを実線，$y=S_{\boxed{\text{ス}\ 5}}$ のグラフを点線で表すと

$$y=S_3=-\frac{7}{3}x(x-3)$$

$$y=S_{\boxed{\text{ス}\ 5}}=-x(x-5)$$

より，グラフは $\boxed{\text{チ}\ ②}$ である。

▶x 軸との交点から判断する

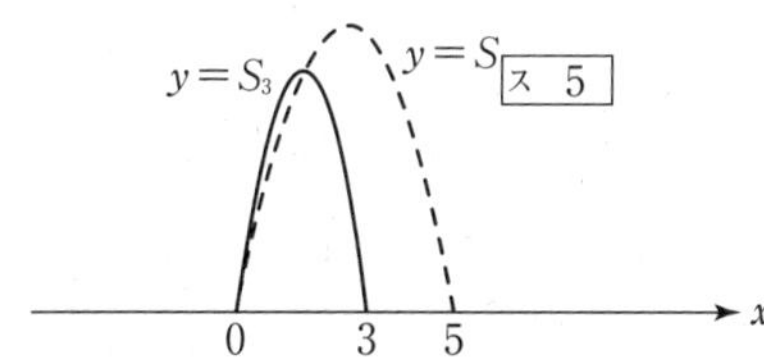

◆ Point

$a<0$，$\alpha<\beta$のとき，$y=a(x-\alpha)(x-\beta)$のグラフは下のようになる。平方完成せずに最大値を求められるようにしておくとよい。

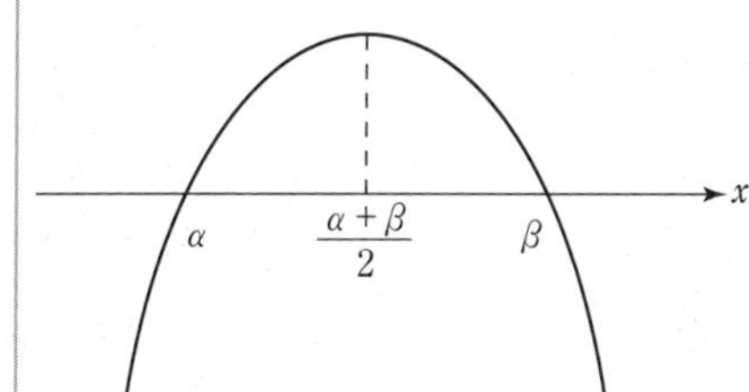

▶頂点の x 座標は$\dfrac{\alpha+\beta}{2}$

〔２〕【データの分析】

ねらい

- 階級の意味を理解できるか
- 箱ひげ図を読み取ることができるか
- 散布図を読み取ることができるか

解説

(1) 英語が 40 点以上の人は 11 人なので

$$\frac{11}{40}\times 100 = 27.5 \fallingdotseq$$ ツテ 28 (%)

(2) 数学の平均点の最大値は，各階級で最大の値をとる場合であるから，そのときの平均点は

▶例えば，10 以上 20 未満の 5 人全員が 19 点をとればよい（他の階級も同様）

$$\frac{3\times 9+5\times 19+12\times 29+11\times 39+9\times 49}{40}$$

$$=\frac{1340}{40}$$

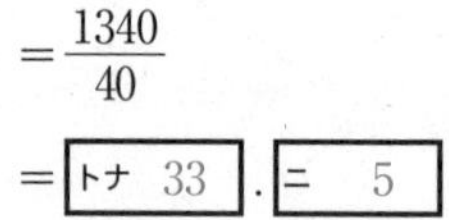

= トナ 33 . ニ 5

(3) ヌ ③ ネ ⑤ （解答の順序は問わない）

⓪……最大値が 50 点なので誤り。

①……第 3 四分位数が 40 点以上 50 点未満なので誤り。

②……第 1 四分位数が 10 点以上 20 点未満なので誤り。

④……最大値が 50 点なので誤り。

▶

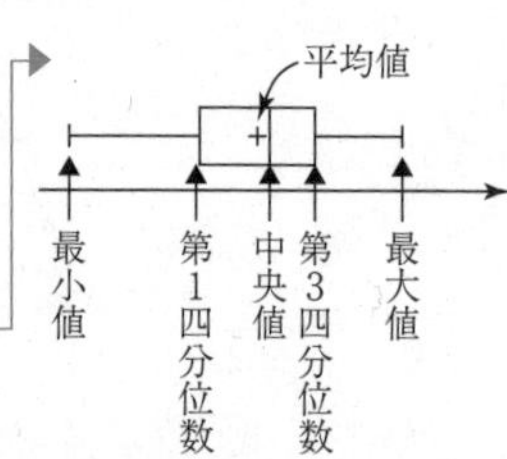

▶正しい第 3 四分位数は 30 点以上 40 点未満

▶正しい第 1 四分位数は 20 点以上 30 点未満

(4) ノ ⓪

例えば，数学の 40 点以上 50 点未満の階数（合計 9 人）では

（女子の人数）＝9－（男子の人数）

＝9－5

＝4

このようにして，各階級の女子の人数を調べればよい。

▶数学の各階級の女子の人数は
0 点以上 10 点未満 …… 2
10 点以上 20 点未満 …… 2
20 点以上 30 点未満 …… 6
30 点以上 40 点未満 …… 6
40 点以上 50 点未満 …… 4
とわかる

〔3〕

(1) ハ ③

⓪……気温の第 3 四分位数は 6 月と 9 月の気温の平均。

①……降水量の第 3 四分位数は $\frac{152.5+133.5}{2}$（<〔平均値〕）

②……①は正しくないので，②も誤り。

(2) ヒ ① フ ⑤ （解答の順序は問わない）

⓪……大きいので誤り。

②……中央値はＢ地点の方が大きいから誤り。

③……小さいので誤り。

④……小さいので誤り。

▶誤りは他にもある

第３問

【図形の性質】

ねらい

・方べきの定理を利用できるか

・メネラウスの定理，チェバの定理から線分の比を求めることができるか

・２つの線分比を１つの式で表すことができるか

解説

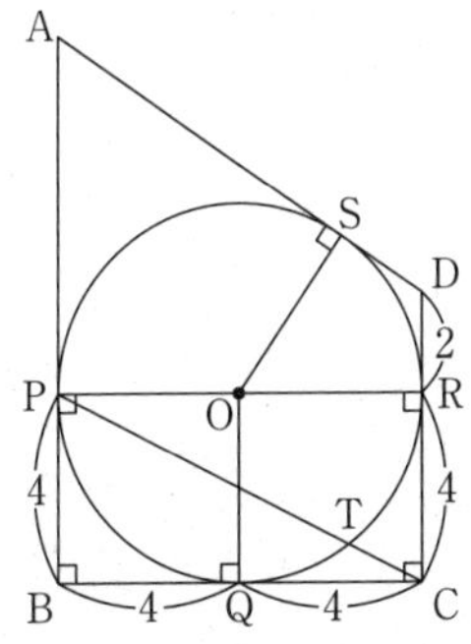

▶ $\angle BCD=90°$，$BC=8$，（円の直径）$=8$ より，四角形BCRPは長方形となる。
よって，$\angle PBC=90°$

△PBC において，三平方の定理より，

$$CP^2=BC^2+BP^2$$
$$=8^2+4^2$$
$$=80$$

$\therefore$ CP＝ ア 4 $\sqrt{\text{イ } 5}$

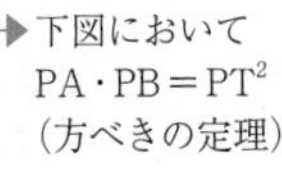

方べきの定理より，

▶下図において
$PA\cdot PB=PT^2$
（方べきの定理）

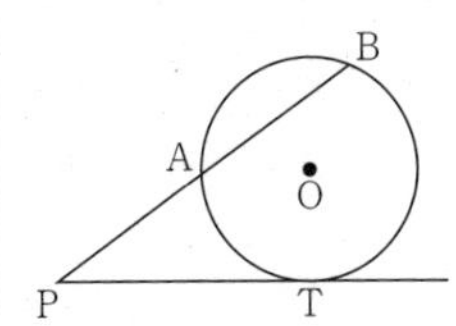

$$CT \cdot CP = CQ^2$$
$$4\sqrt{5}CT = 4^2$$
$$\therefore \quad CT = \frac{4}{\sqrt{5}} = \frac{\boxed{ウ\ 4}\sqrt{\boxed{エ\ 5}}}{\boxed{オ\ 5}}$$

さらに，

$$DR = DS = CD - CR$$
$$= 6 - 4$$
$$= \boxed{カ\ 2}$$

▶四角形 OQCR は１辺の長さ 4 の正方形である

AP＝AS＝x とおく。点 D から辺 AB に下ろした垂線の足を H とすると，△ADH において，三平方の定理より

$$AD^2 = AH^2 + DH^2$$
$$(x+2)^2 = (x-2)^2 + 8^2$$
$$8x = 64$$
$$\therefore \quad x = 8$$

▶ 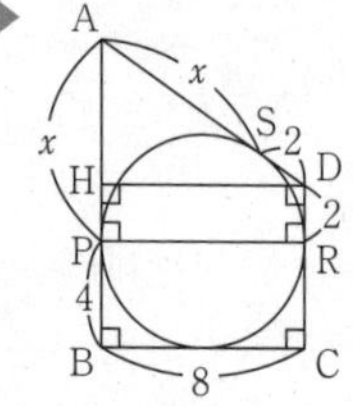

したがって，

$$AB = x + 4 = \boxed{キク\ 12}$$

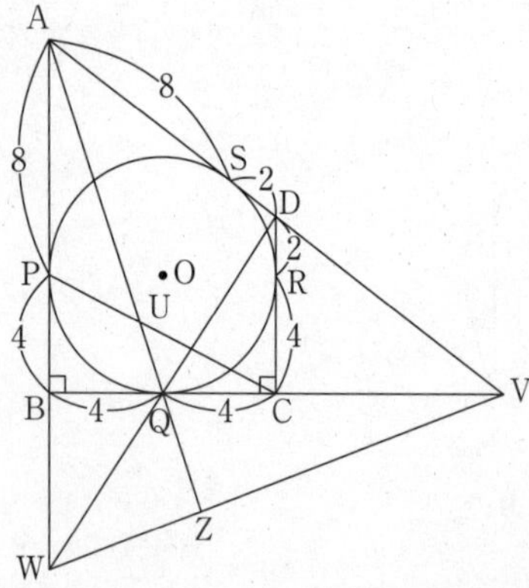

△ ABQ と直線 PC について，メネラウスの定理より

$$\frac{AU}{UQ} \cdot \frac{QC}{CB} \cdot \frac{BP}{PA} = 1$$

▶ 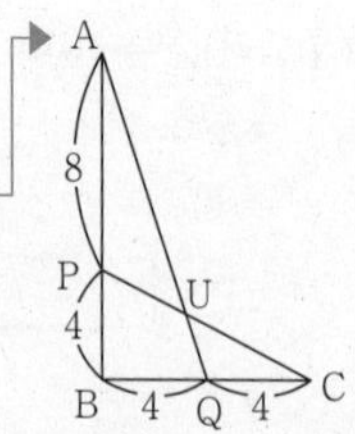

$$\frac{AU}{UQ}\cdot\frac{1}{2}\cdot\frac{1}{2}=1$$

$\therefore$ AU：UQ＝ ケ 4 ： コ 1 ……①

また，△AWV について，チェバの定理より

$$\frac{WZ}{ZV}\cdot\frac{VD}{DA}\cdot\frac{AB}{BW}=1$$

$$\frac{WZ}{ZV}\cdot\frac{1}{1}\cdot\frac{2}{1}=1$$

$\therefore$ WZ：ZV＝1：2

よって，△AWZ と直線 BV について，メネラウスの定理より，

$$\frac{AQ}{QZ}\cdot\frac{ZV}{VW}\cdot\frac{WB}{BA}=1$$

$$\frac{AQ}{QZ}\cdot\frac{2}{3}\cdot\frac{1}{2}=1$$

$\therefore$ AQ：QZ＝3：1 ……②

①，②より，

AU：UQ：QZ＝ サシ 12 ： ス 3 ： セ 5

▶ DC∥AB，AB＝2CD より
AD＝DV＝10
また，△QBW ≡ △QCD より
BW＝CD＝6

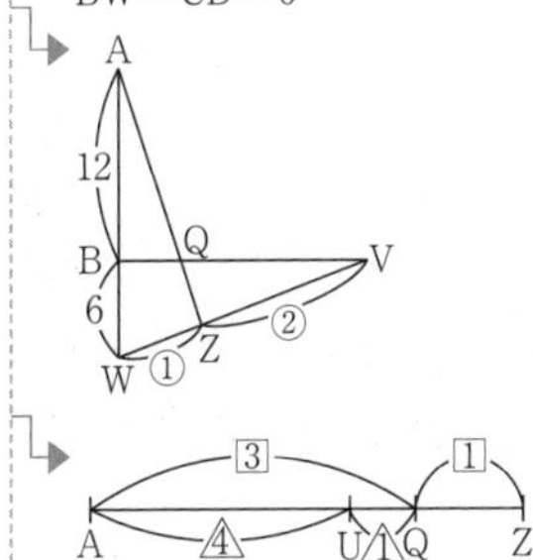

第４問

【場合の数と確率】

ねらい

・条件付き確率を求めることができるか
・期待値を計算することができるか
・適当に場合分けをして確率を求めることができるか

解説

(1) A と B が５回ゲームを行うとき，A が３勝するという事象を E_1，５回のうちどこかで A が３連勝するという事象を F_1 とおく。

A が３勝する確率 $P(E_1)$ は，

$$P(E_1)={}_5C_3\left(\frac{2}{3}\right)^3\left(\frac{1}{3}\right)^2=\frac{\text{アイ } 80}{\text{ウエオ } 243}$$

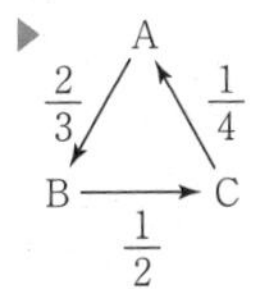

▶反復試行の確率
${}_nC_r p^r(1-p)^{n-r}$

このうち，Ａがどこかで３連勝するのは

$$\begin{cases} AAABB \\ BAAAB \\ BBAAA \end{cases}$$

の３つの場合であるから，その確率 $P(E_1 \cap F_1)$ は，

$$P(E_1 \cap F_1) = 3 \times \left(\frac{2}{3}\right)^3 \left(\frac{1}{3}\right)^2 = \frac{24}{243}$$

よって，Ａが３勝したとき，５回のうちどこかで３連勝する条件付き確率は，

$$P_{E_1}(F_1) = \frac{P(E_1 \cap F_1)}{P(E_1)}$$

$$= \frac{\frac{24}{243}}{\frac{80}{243}}$$

$$= \frac{\boxed{カ\ 3}}{\boxed{キク\ 10}}$$

▶A で「Ａが勝つ」，B で「Ｂが勝つ」の意味とする

X のとりうる値とその確率は次のようになる。

X	0	10	20	60
確率	$\frac{51}{243}$	$\frac{80}{243}$	$\frac{80}{243}$	$\frac{32}{243}$

▶$P(X=60) = \left(\frac{2}{3}\right)^5$

$P(X=20) = {}_5C_4\left(\frac{2}{3}\right)^4\left(\frac{1}{3}\right)$

$P(X=0) = 1 - P(X=10) - P(X=20) - P(X=60)$

これより，X の期待値 E は，

$$E = 0 \cdot \frac{51}{243} + 10 \cdot \frac{80}{243} + 20 \cdot \frac{80}{243} + 60 \cdot \frac{32}{243}$$

$$= \frac{4320}{243}$$

$$= \frac{\boxed{ケコサ\ 160}}{\boxed{シ\ 9}}$$

▶X のとりうる値とその確率が

X	x_1	x_2	…	x_n	計
確率	p_1	p_2	…	p_n	1

になるとき，X の期待値は
$E = x_1p_1 + x_2p_2 + \cdots + x_np_n$

(2) トーナメントⅡが行われたとき，Ｃが優勝する確率は，

$$\frac{1}{4} \times \frac{1}{2} = \frac{\boxed{ス\ 1}}{\boxed{セ\ 8}}$$

▶ＣがＡに勝って，そのあとＢにも勝てばよい

Cが優勝するという事象をE_2，CがAと対戦するという事象をF_2とする。

Cが優勝するのは，トーナメントⅠでは，

$$\frac{2}{3}\cdot\frac{1}{4}+\frac{1}{3}\cdot\frac{1}{2}=\frac{1}{3}$$

▶1回戦でAが勝つかBが勝つかで場合分けして考える

トーナメントⅡでは，

$$\frac{\boxed{ス\ 1}}{\boxed{セ\ 8}}$$

トーナメントⅢでは，

$$\frac{1}{2}\times\frac{1}{4}=\frac{1}{8}$$

各トーナメントが選ばれる確率は$\frac{1}{3}$であるから，

$$P(E_2)=\frac{1}{3}\times\frac{1}{3}+\frac{1}{3}\times\frac{1}{8}+\frac{1}{3}\times\frac{1}{8}$$
$$=\frac{7}{36}$$

一方，Cが優勝し，かつ優勝するまでにCがAと対戦している確率$P(E_2\cap F_2)$は

$$P(E_2\cap F_2)=\frac{1}{3}\times\frac{2}{3}\cdot\frac{1}{4}+\frac{1}{3}\times\frac{1}{8}+\frac{1}{3}\times\frac{1}{8}$$
$$=\frac{5}{36}$$

▶トーナメントⅠの$\frac{1}{3}\cdot\frac{1}{2}$以外の部分

よって，求める条件付き確率は

$$P_{E_2}(F_2)=\frac{P(E_2\cap F_2)}{P(E_2)}=\frac{\frac{5}{36}}{\frac{7}{36}}=\frac{\boxed{ソ\ 5}}{\boxed{タ\ 7}}$$

(3) (i)の起こる確率は

$$\left(\frac{2}{3}\right)^3\times\left(\frac{1}{4}\right)^2=\frac{8}{432}$$

(ii)の起こる確率は

$${}_3C_2\left(\frac{2}{3}\right)^2\left(\frac{1}{3}\right)\times{}_2C_1\left(\frac{1}{4}\right)\left(\frac{3}{4}\right)=\frac{72}{432}$$

(iii)の起こる確率は

$$_3C_1\left(\frac{2}{3}\right)\left(\frac{1}{3}\right)^2\times\left(\frac{3}{4}\right)^2=\frac{54}{432}$$

これより，Aが3勝する確率は

$$\frac{8}{432}+\frac{72}{432}+\frac{54}{432}=\frac{134}{432}=\frac{\boxed{チツ\ 67}}{\boxed{テトナ\ 216}}$$

また，(i)，(ii)，(iii)の起こる確率のうち最も大きいのは

ニ (ii) である。　　(…… ニ ①)

解答解説 第2回

出演：志田晶先生

問題番号(配点)	解答番号	正解	配点	自己採点
第1問 (30)	ア イ	6 7	3*	
	ウ	5	3	
	エ オ	2 3	2	
	カ キ ク ケ コ	1 5 ② 2 3	3	
	サ シ ス セ ソ	1 5 ① 2 5	3	
	タ	⓪	3	
	チ ツ	1 8	2	
	テト ナ ニ	15 7 4	3	
	ヌ	4	2	
	ネ	7	3	
	ノハ ヒ	35 4	3	
	小計（30点）			
第2問 (30)	ア	③	1	
	イウ	10	2	
	エオカ	100	2	
	キ クケ コサ	2 48 96	3	
	シス	12	3	
	セソタ	192	3	
	チツ	36	1	
	テ	①	2	
	ト	④	2	
	ナニヌ ネ	113 4	3	
	ノ	⓪	3	
	ハ	⓪	2	
	ヒ	③	3	
	小計（30点）			

問題番号(配点)	解答番号	正解	配点	自己採点
第3問 (20)	ア イ	1 1	2	
	ウ エ	1 2	2	
	オ カ	1 3	2	
	キク ケ	15 5	2	
	コ サ	1 8	2	
	シ	①	2	
	スセ ソ	18 3	3	
	タ チ ツ	2 1 3	3	
	テ	3	2	
	小計（20点）			
第4問 (20)	ア イ	1 5	2	
	ウ エオカ	1 360	2	
	キ クケ	7 36	3	
	コサ シスセ	71 360	2	
	ソ タ	2 ⓪	1	
	チ ツ	2 ⑨	2	
	テ ト	④ ⑦	2	
	ナ	8	1	
	ニ	7	1	
	ヌ	6	1	
	ネ ノハ	7 15	3	
	小計（20点）			
合計（100点満点）				

＊ 解答の順序は問わない。

解説

第2回 実戦問題

□第1問

〔1〕【数と式】

ねらい

・絶対値の入った不等式を解くことができるか
・連立不等式の処理を正しく行えるか
・不等式の整数解について正しく処理できるか

解説

(1) $a+b=13,\ ab=42\quad (a\leqq b)$

を満たす a, b は

$a=6,\ b=7$

であるから,

$$\sqrt{13+2\sqrt{42}}=\sqrt{(\sqrt{6})^2+(\sqrt{7})^2+2\sqrt{6}\sqrt{7}}$$
$$=\sqrt{(\sqrt{6}+\sqrt{7})^2}$$
$$=\sqrt{\boxed{ア\ 6}}+\sqrt{\boxed{イ\ 7}}$$

(解答の順序は問わない)

ここで,

$(\sqrt{6}+\sqrt{7})^2=13+2\sqrt{42}$

であるから,

$5^2\leqq 13+2\sqrt{42}<6^2$

▶ $12\leqq 2\sqrt{42}=\sqrt{168}<13$ より $25\leqq 13+2\sqrt{42}<26<36$

に注意すると,

$\therefore\quad 5\leqq\sqrt{13+2\sqrt{42}}=\sqrt{6}+\sqrt{7}<6$

したがって, 求める n の値は $n=\boxed{ウ\ 5}$

(2) $\begin{cases} x^2-4x+1<0 & \cdots\cdots① \\ |x-a|\geqq\sqrt{5} & \cdots\cdots② \end{cases}$

不等式①の解は

$$\boxed{エ\ 2}-\sqrt{\boxed{オ\ 3}}<x<\boxed{エ\ 2}+\sqrt{\boxed{オ\ 3}}$$

一方, ②の解は

$x-a \leqq -\sqrt{5}$ または $x-a \geqq \sqrt{5}$

∴ $x \leqq a-\sqrt{5}$ または $x \geqq a+\sqrt{5}$

▶ $|x| \geqq a$
$\Leftrightarrow x \geqq a$ または $x \leqq -a$

(i) $a=1$ のとき，不等式①，②をともに満たす x の範囲は，

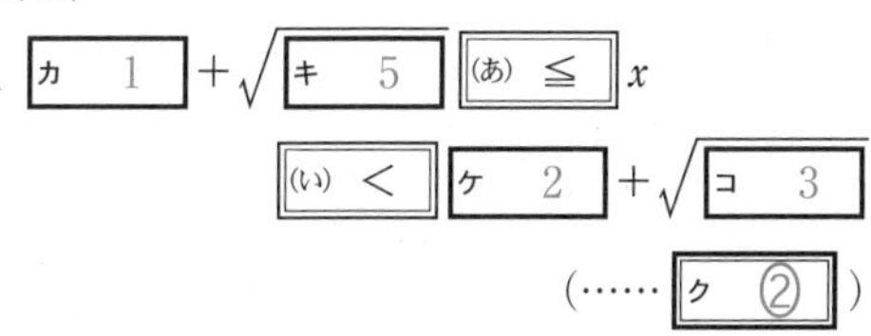

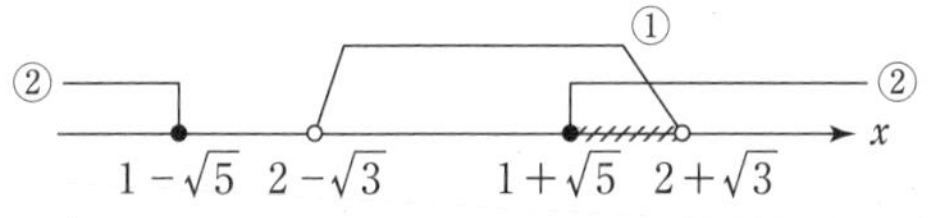

(ii) $a<0$ のとき，$x \leqq a-\sqrt{5}$ の範囲に1桁の自然数は存在しないので，$x \geqq a+\sqrt{5}$ の範囲に1桁の自然数がちょうど8個あればよい。よって条件は

$1<a+\sqrt{5} \leqq 2$

∴ サ 1 － √ シ 5 (う) ＜ a (え) ≦ セ 2 － √ ソ 5

(…… ス ①)

▶次図のようになればよい

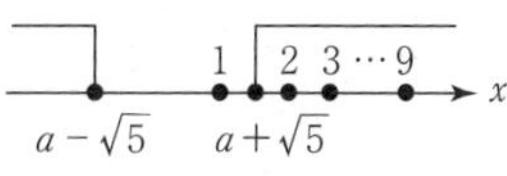

(iii) 命題 A について，

$a=2$ ならば不等式①，②をともに満たす実数 x は存在しない。よって，命題 A は真。

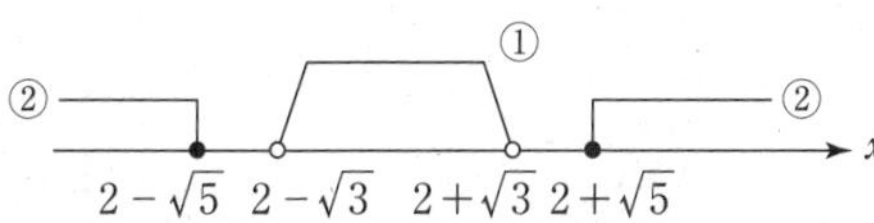

命題 B について，

$a=3$ ならば不等式①，②をともに満たす整数 x は存在しない。よって，命題 B は真。

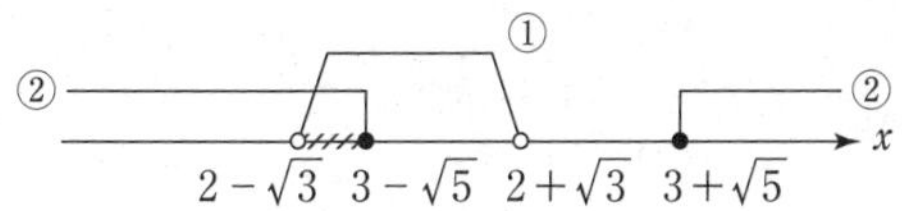

▶ $2-\sqrt{3}<x \leqq 3-\sqrt{5}$ に整数は存在しない

したがって，正しいものは [タ ⓪] である。

〔2〕【図形と計量】

ねらい

・余弦定理，面積公式を利用できるか
・円に内接する四角形の性質を理解できているか
・四面体の体積を求めることができるか

解説

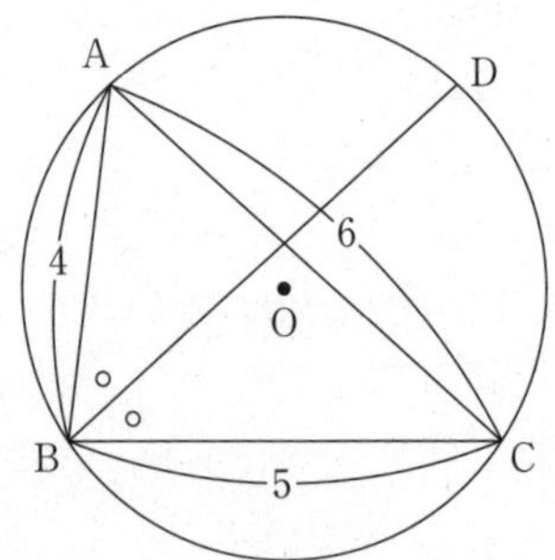

余弦定理より，

$$\cos B=\frac{4^2+5^2-6^2}{2\cdot4\cdot5}=\frac{\boxed{チ\ 1}}{\boxed{ツ\ 8}}$$

▶$\cos B=\dfrac{c^2+a^2-b^2}{2ca}$

これより，

$$\sin B=\sqrt{1-\cos^2 B}$$
$$=\sqrt{1-\left(\frac{1}{8}\right)^2}$$
$$=\frac{3\sqrt{7}}{8}$$

よって，

$$\triangle ABC=\frac{1}{2}\cdot4\cdot5\cdot\frac{3\sqrt{7}}{8}$$
$$=\frac{\boxed{テト\ 15}\sqrt{\boxed{ナ\ 7}}}{\boxed{ニ\ 4}}$$

▶$\triangle ABC=\dfrac{1}{2}ca\sin B$

∠ABC の二等分線と外接円 O の交点のうち，点 B と異なる点を D とすると，AD＝CD である。

AD＝CD＝x とおき，△DAC に余弦定理を適用すると，

$$AC^2 = DA^2 + DC^2 - 2DA \cdot DC \cdot \cos\angle ADC$$

$$6^2 = x^2 + x^2 - 2x^2 \cdot \left(-\frac{1}{8}\right)$$

$$\frac{9}{4}x^2 = 36$$

$$x^2 = 16$$

∴　$x =$ ヌ 4

▶ ∠ABD＝∠CBD より AD＝CD

▶ $\cos\angle ADC = \cos(180° - \angle ABC) = -\cos B = -\frac{1}{8}$

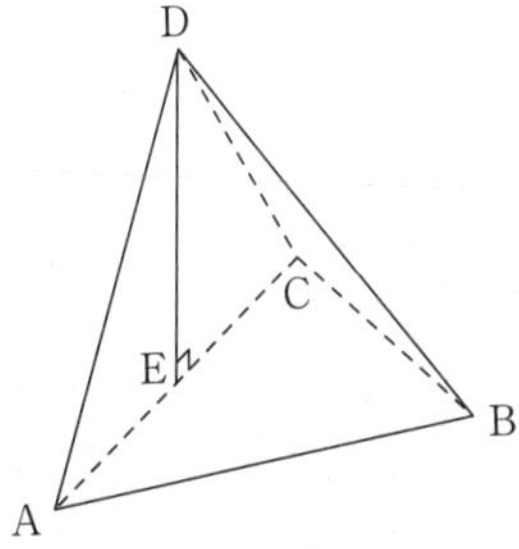

四角形 ABCD を辺 AC に沿って△DAC が△ABC に垂直になるように折り曲げ，四面体 D-ABC を作る。

このとき，DA＝DC より，頂点 D から辺 AC に下ろした垂線の足 E は AC の中点となる。

したがって，

$$DE = \sqrt{AD^2 - AE^2} = \sqrt{4^2 - 3^2} = \sqrt{7}$$

（ネ 7）

▶
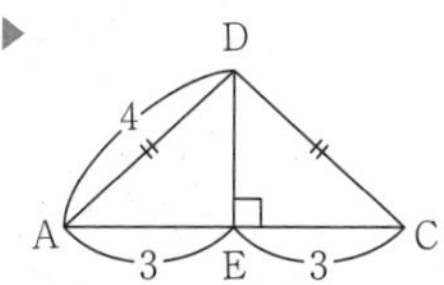

これより，四面体 D-ABC の体積を V とおくと，

$$V = \frac{1}{3} \times \triangle ABC \times DE = \frac{1}{3} \times \frac{15\sqrt{7}}{4} \times \sqrt{7} = \frac{35}{4}$$

（ノハ 35，ヒ 4）

□第2問

〔1〕【2次関数】

ねらい

・与えられた条件から2次関数を立式できるか
・2次関数を平方完成できるか
・2次関数の最大値を求めることができるか

解説

(1)

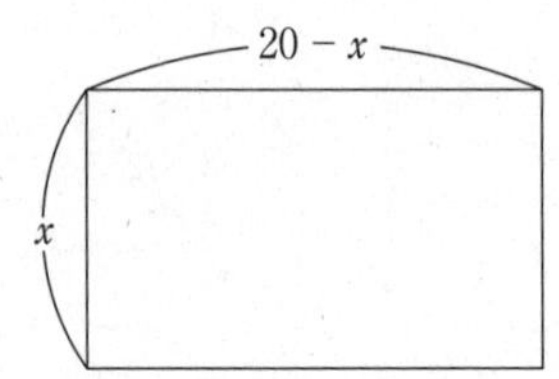

農地の縦の長さを x m とすると，横の長さは，

ア $20-x$ (m)　　(…… ア ③)

▶縦の長さと横の長さの合計は $\frac{40}{2}=20$(m)

であるから，農地の面積は，

$$x(20-x)=-x^2+20x$$
$$=-(x-10)^2+100$$

$0<x<20$ において，この2次関数(農地の面積)は，

x (縦の長さ)＝ イウ 10 (m)のとき，

最大値 エオカ 100 m^2 をとる。

▶
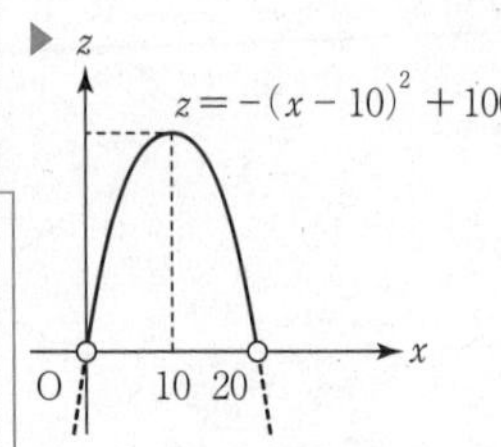

▶$x>0$，$20-x>0$ より $0<x<20$

(2)

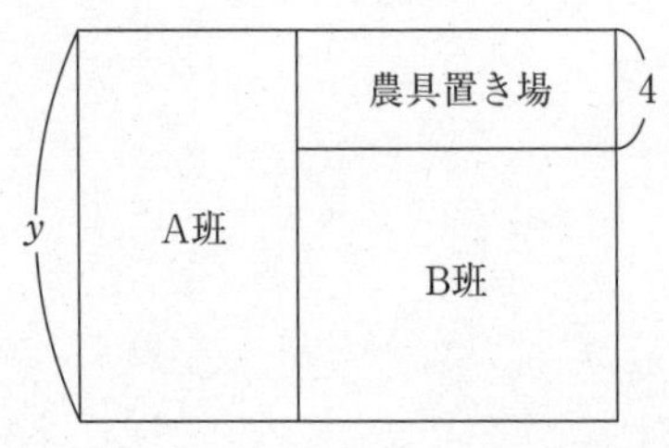

A 班の農地の縦の長さを y m とすると，横の長さは $20-y$(m)であるから，A 班の農地の面積は

$y(20-y)\,(\mathrm{m}^2)$

一方，B班の農地の縦の長さは $y-4(\mathrm{m})$ であるから，横の長さは，

$$20-(y-4)=24-y(\mathrm{m})$$

となり，B班の農地の面積は $(y-4)(24-y)\,(\mathrm{m}^2)$

したがって，２つの班の面積の和は，

$$\begin{aligned} &y(20-y)+(y-4)(24-y)\\ &=(-y^2+20y)+(-y^2+28y-96)\\ &=-\boxed{キ\ 2}\,y^2+\boxed{クケ\ 48}\,y-\boxed{コサ\ 96}\\ &=-2(y-12)^2+192 \end{aligned}$$

$4<y<20$ において，この２次関数(農地の面積)は，y(A班の農地の縦の長さ)$=\boxed{シス\ 12}$ (m)のとき，最大値 $\boxed{セソタ\ 192}$ m^2 をとる。

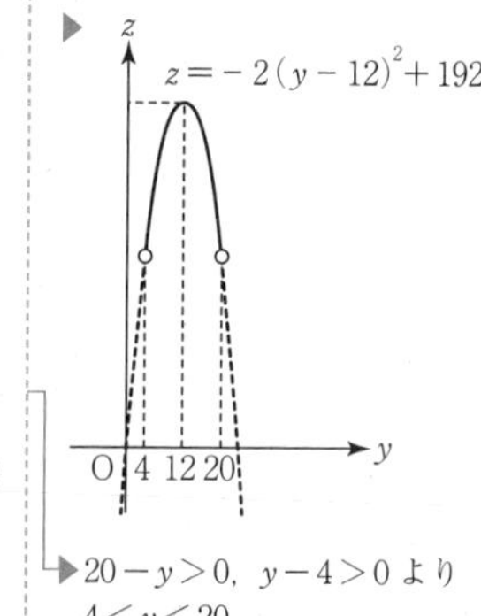

→ $20-y>0$，$y-4>0$ より $4<y<20$

〔２〕【データの分析】

ねらい

・２つのグループの平均値から全体の平均値を求めることができるか

・２つのグループの分散から全体の分散を求めることができるか

・散布図を読み取ることができるか

解説

(1)　50人の得点の合計は，

$$30\times28+20\times48=1800$$

より，50人の得点の平均値は，

$$\frac{1800}{50}=\boxed{チツ\ 36}$$

花子さんが採点した20人の得点の２乗の平均値は，

$$30+48^2=\boxed{テ\ 2334}\qquad(\cdots\cdots\boxed{テ\ ①})$$

一方，太郎さんが採点した30人の得点の２乗の平均値は，

$9+28^2=$ ト 793　　　　(……ト ④)

したがって，50人の得点の2乗の平均は，

$$\frac{\boxed{テ\ 2334}\times20+\boxed{ト\ 793}\times30}{50}=1409.4$$

これより，50人全員の分散は，

$1409.4-36^2=$ ナニヌ 113 . ネ 4

▶ $s^2=\frac{1}{n}(x_1^2+x_2^2+\cdots+x_n^2)-\overline{x}^2$

(2) 平均気温の度数分布表は下のようになるので，平均気温と最低気温の散布図は ノ ⓪

平均気温	度数
4.0 以上 6.0 未満	1
6.0 以上 8.0 未満	0
8.0 以上 10.0 未満	7
10.0 以上 12.0 未満	8
12.0 以上 14.0 未満	8
14.0 以上 16.0 未満	7

ハ ⓪

①……最大値は25℃未満なので，誤り。

②，③……第1四分位数（小さい方から数えて8番目のデータ）は15℃と20℃の間なので，誤り。

ヒ ③

⓪……正の相関関係があるので誤り。

①……平均気温の範囲は最高気温の範囲より小さいので誤り。

②……平均気温の第3四分位数は14℃より小さいので誤り。

第３問

【図形の性質】

ねらい

・平行線と線分の比の定理を理解しているか
・線分比から面積比を求めることができるか
・内接円と傍心円の位置関係を求めることができるか

解説

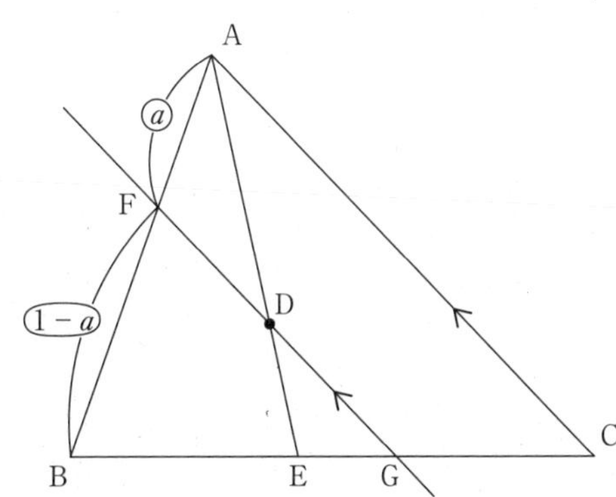

(1)　点 D が△ABC の重心のとき，

BE：EC＝ ア 1 ： イ 1 ……①

▶点 E は辺 BC の中点

また，DG∥AC より，

EG：GC＝ED：DA

＝ ウ 1 ： エ 2 ……②

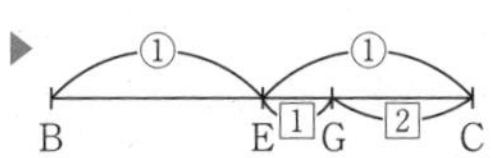

①，②より，

BG：GC＝2：1

FG∥AC より，

BF：FA＝BG：GC＝2：1

であるから，

$1-a : a=2:1$

$\therefore \quad a=\dfrac{\boxed{オ\ 1}}{\boxed{カ\ 3}}$

(2)　△ABE において，三平方の定理より，

$$AE=\sqrt{AB^2-BE^2}$$
$$=\sqrt{4^2-1^2}$$
$$=\sqrt{15}$$

よって，

$$\triangle ABC=\frac{1}{2}\times BC\times AE$$
$$=\frac{1}{2}\times 2\times\sqrt{15}$$
$$=\sqrt{15}$$

したがって，

$$\sqrt{15}=\frac{1}{2}(4+4+2)r$$

より，

$$r=\frac{\sqrt{\boxed{キク\ 15}}}{\boxed{ケ\ 5}}$$

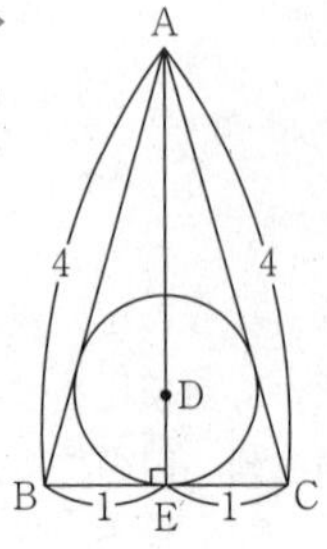

▶△ABC の面積を S とすると
$S=\frac{1}{2}(a+b+c)r$

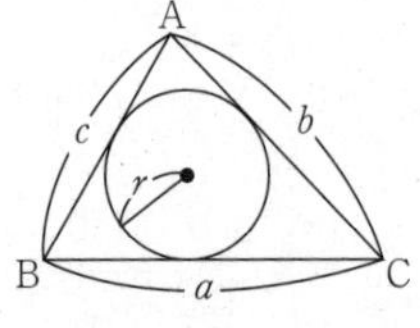

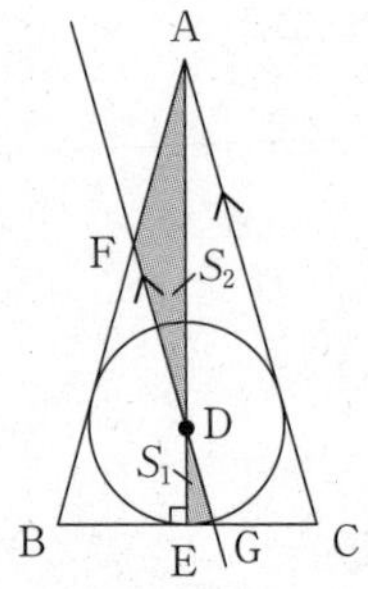

ここで，$DE=r=\frac{\sqrt{15}}{5}$ より，

AD：DE＝4：1

であるから，

EG：GC＝ED：DA＝1：4

BE＝EC と合わせると，

BE：EG：GC＝5：1：4

∴　BF：FA＝BG：GC＝3：2

よって，△ABC の面積を S とおくと，

▶$AD=AE-DE$
$=\sqrt{15}-\frac{\sqrt{15}}{5}$
$=\frac{4}{5}\sqrt{15}$

▶$S=\sqrt{15}$ である
（この値は必要としない）

$$S_1 = \frac{1}{10}\triangle\mathrm{DBC}$$
$$= \frac{1}{10}\cdot\frac{1}{5}\triangle\mathrm{ABC}$$
$$= \frac{1}{50}S$$

一方，

$$S_2 = \frac{2}{5}\triangle\mathrm{BDA}$$
$$= \frac{2}{5}\cdot\frac{4}{5}\triangle\mathrm{ABE}$$
$$= \frac{2}{5}\cdot\frac{4}{5}\cdot\frac{1}{2}\triangle\mathrm{ABC}$$
$$= \frac{8}{50}S$$

よって，

$S_1 : S_2 =$ コ 1 : サ 8

▶

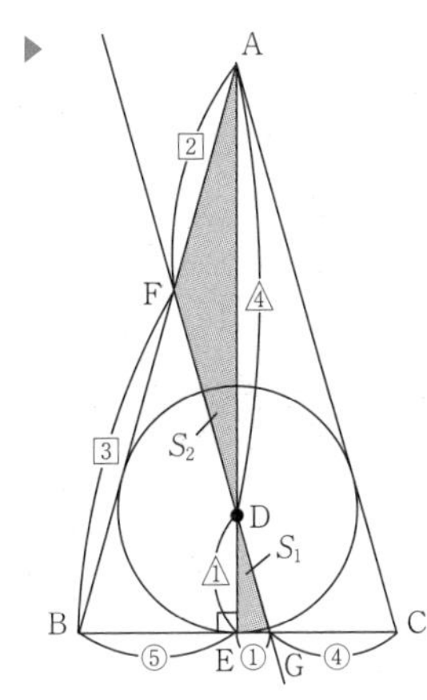

(3)

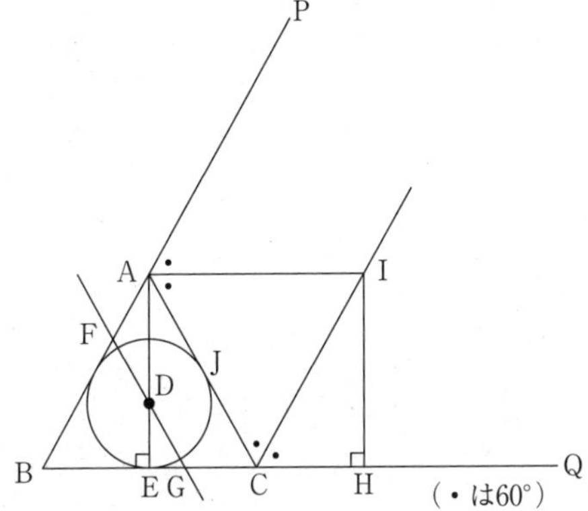

▶点 I は△ABC の∠ABC 内の傍心とよばれる点である（このとき∠ABC の二等分線も点 I を通る）

△ABC は正三角形より，AE ⊥ BC であり，

$$\angle\mathrm{IAC} = \angle\mathrm{ICA} = 60°$$

これより，

$$\angle\mathrm{IAE} = \angle\mathrm{IAC} + \angle\mathrm{CAE}$$
$$= 60° + 30°$$
$$= 90°$$

▶線分 IA, IC は外角（＝120°）の二等分線

であるから，四角形 AEHI は シ 正方形ではない長方形である。　(……シ ①)

ここで，

$AE=3\sqrt{3}$，$AI=6$

であるから，四角形 AEHI の面積は

$3\sqrt{3}\times6=$ スセ 18 $\sqrt{\text{ソ } 3}$

また，△ABC の内接円と辺 AC の接点を J とすると，点 J は辺 AC の中点で，点 D は△ABC の重心であるから，4 点 B，D，J，I は一直線上で，

BD：DJ＝2：1

BJ＝JI と合わせると，

BD：DJ：JI＝ タ 2 ： チ 1 ： ツ 3

IH＝IJ より，△ABC の内接円と点 I を中心とする半径 IH の円は，点 J で外接する。

したがって，共通接線は テ 3 本引ける。

▶AE≠AI より四角形 AEHI は正方形ではない長方形とわかる

▶四角形 ABCI はひし形であるから，AI＝BC＝6

▶四角形 ABCI はひし形より，対角線 AC と BI は線分 AC の中点 J で交わる（さらに，点 D も線分 BI 上である）

▶2 円が外接するとき，共通接線は 3 本引ける

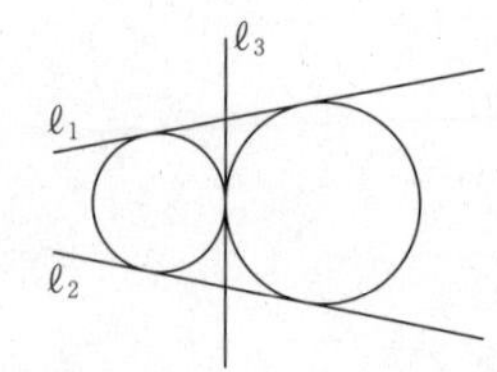

□第４問

【場合の数と確率】

ねらい

・場合分けをして確率を処理できるか
・具体的な枚数の確率を一般化できるか
・隣り合わない数字の選び方の問題を処理できるか

解説

(1)

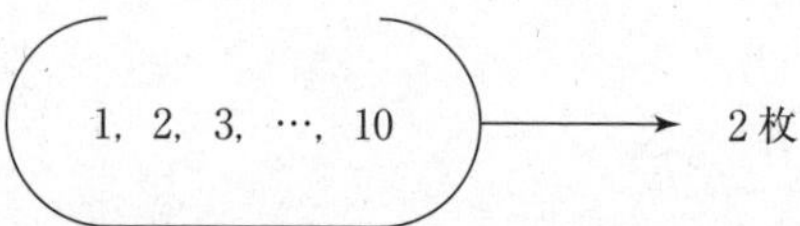

2 枚のカードのすべての取り出し方は，

${}_{10}C_2=45$(通り)

このうち，取り出した数字が連続している取り出し方

は９通りである。

よって，１回目で終了する確率は，

$$\frac{9}{45}=\frac{\boxed{ア\ 1}}{\boxed{イ\ 5}}$$

(i) １回目に（1, 10）を引く場合

この場合，２回目で終了する確率は，

$$\frac{1}{45}\times\frac{1}{8}=\frac{\boxed{ウ\ 1}}{\boxed{エオカ\ 360}}$$

(ii) １回目に（1, 10）以外を引く場合

この場合，１回目で終了しなければ，２回目は確率 $\frac{2}{8}$ で終了する。

１回目が（1, 10）以外でかつ終了しない確率は，

$$1-\frac{1}{45}-\frac{1}{5}=\frac{35}{45}=\frac{7}{9}$$

であるから，１回目に（1, 10）以外を引いて２回目で終了する確率は，

$$\frac{7}{9}\times\frac{2}{8}=\frac{\boxed{キ\ 7}}{\boxed{クケ\ 36}}$$

以上，(i)，(ii)よりちょうど２回目で終了する確率は，

$$\frac{1}{360}+\frac{7}{36}=\frac{\boxed{コサ\ 71}}{\boxed{シスセ\ 360}}$$

(2) ２枚のカードのすべての取り出し方は，

$${}_nC_2=\frac{1}{2}n(n-1)\text{通り}$$

１回目で終了する２枚の取り出し方は，

(1, 2), (2, 3), (3, 4), …, $(n-1,\ n)$ の $n-1$ 通り

したがって，１回目で終了する確率は，

$$\frac{n-1}{\frac{1}{2}n(n-1)}=\frac{\boxed{ソ\ 2}}{\boxed{タ\ n}}\quad(\cdots\cdots\ \boxed{タ\ ⓪})$$

▶(1, 2), (2, 3), …, (9, 10) の９通り

▶例えば，１回目に（1, 10）を引いて10を捨てた場合，２回目に２を引けば終了となる $\left(\text{確率}\ \frac{1}{8}\right)$

▶１回目に（1, 10）を引く確率は $\frac{1}{45}$

▶例えば１回目が（1, 7）の場合，１を捨てるので，２回目は６または８の場合に終了する $\left(\text{確率}\ \frac{2}{8}\right)$。

また，例えば１回目が（3, 6）の場合，３または６のどちらかを捨てても２回目は確率 $\frac{2}{8}$ で終了する。

▶１回目に（1, 10）を引く確率は $\frac{1}{45}$

▶１回目に終了する確率は $\frac{1}{5}$

次に，ちょうど2回目で終了する確率を考える。

(i) 1回目に（1，n）を引く場合

2回目で終了する確率は，

$$\frac{1}{\frac{1}{2}n(n-1)}\times\frac{1}{n-2}=\frac{\boxed{チ\ 2}}{\boxed{ツ\ n(n-1)(n-2)}}$$

（…… ツ ⑨）

▶例えば，1回目に（1，n）を引いて n を捨てた場合，2回目に2を引けば終了となる $\left(確率\ \frac{1}{n-2}\right)$

(ii) 1回目に（1，n）以外を引く場合

(1)(ii)と同様に，1回目で終了しなければ，2回目は確率 $\frac{2}{n-2}$ で終了する。

▶1回目に（1，n）を引く確率は $\frac{1}{\frac{1}{2}n(n-1)}$

1回目が（1，n）以外で，かつ終了しない確率は，

$$1-\frac{1}{\frac{1}{2}n(n-1)}-\frac{2}{n}$$

▶1回目で終了する確率は $\frac{2}{n}$

よって，1回目に（1，n）以外を引いて2回目で終了する確率は，

$$\left\{1-\frac{1}{\frac{1}{2}n(n-1)}-\frac{2}{n}\right\}\times\frac{2}{n-2}$$

$$=\frac{n^2-3n}{n(n-1)}\times\frac{2}{n-2}$$

$$=\frac{\boxed{テ\ 2(n-3)}}{\boxed{ト\ (n-1)(n-2)}}$$

（…… テ ④ ト ⑦）

(3) a，b，c のカードを取り出すことを（a，b，c）で表すとする。

10枚のカードから3枚取り出すとき，すべての取り出し方は

$${}_{10}C_3=120\ 通り$$

このうち，3枚すべてが連続しているのは，

（1，2，3），（2，3，4），…，（8，9，10）の $\boxed{ナ\ 8}$

通り

次に，２枚だけ連続する場合について考える。

(i) 1，2が出て，残り１枚がそれらと連続していないのは［ニ 7］通り

▶残り１枚は4，5，…，10

(ii) 2，3が出て，残り１枚がそれらと連続していないのは［ヌ 6］通り

▶残り１枚は5，6，…，10

(iii) 3，4が出て，残り１枚がそれらと連続していないのは６通り

▶残り１枚は1，6，7，8，9，10

⋮

(viii) 8，9が出て，残り１枚がそれらと連続していないのは６通り

(ix) 9，10が出て，残り１枚がそれらと連続していないのは７通り

これらを合計すると

$7+6+6+6+6+6+6+6+7=56$ 通り

よって，取り出した３枚のうち，どの２枚も連続しない確率は

$$1-\frac{8+56}{120}=\frac{\boxed{ネ\ 7}}{\boxed{ノハ\ 15}}$$

〈ネ～ハの別解〉

1～10のカードに対し，取り出したカード○を，残ったカードを□で置き換えると，どの２枚も連続しない選び方は，○３個，□７個の並べ方で，○が連続しない並べ方の場合の数に帰着できる。

▶例えば，2，5，9を取り出すとき
□○□□○□□□○□

このような場合の数は

$_8C_3=56$ 通り

▶ 　□　□　□　□　□　□　□
$\overset{\wedge}{1}$ $\overset{\wedge}{2}$ $\overset{\wedge}{3}$ $\overset{\wedge}{4}$ $\overset{\wedge}{5}$ $\overset{\wedge}{6}$ $\overset{\wedge}{7}$ $\overset{\wedge}{8}$
上記1～8から○の入る３カ所を選べばよい

よって，求める確率は

$$\frac{56}{120}=\frac{\boxed{ネ\ 7}}{\boxed{ノハ\ 15}}$$

MEMO

解答解説　第3回

出演：志田晶先生

問題番号(配点)	解答番号	正解	配点	自己採点
第1問 (30)	ア	③	2	
	イ	⑥	2	
	ウ	7	2	
	エ	④	2	
	オ	6	2	
	カキ	46	2	
	ク	⓪	3	
	ケ	①	3	
	コ	①	2	
	サ　シ　ス	3　6　2	2	
	セソ　タチ	11　16	2	
	ツ　テト　ナ	9　15　4	3	
	ニ	②	3	
	小計（30点）			
第2問 (30)	ア　イ	④　⑤	3	
	ウ　エ	②　⑦	3	
	オ	⑨	2	
	カキクケ	1800	4	
	コ	7	2	
	サ	⑤	2	
	シ	⑦	2	
	ス	⑤	2	
	セ	②	2	
	ソ	⑥	2	
	タ	①	2	
	チ	②	2	
	ツ	②	2	
	小計（30点）			

問題番号(配点)	解答番号	正解	配点	自己採点
第3問 (20)	ア	①	1	
	イ　ウ	1　2	2	
	エ	④	1	
	オ　カ	2　9	2	
	キク　ケコ	12　55	2	
	サ　シス	9　44	2	
	セソ　タチ	16　15	2	
	ツ	⑥	1	
	テ	④	1	
	ト	⓪	2	
	ナ	⓪	1	
	ニ	②	1	
	ヌ	①	2	
	小計（20点）			
第4問 (20)	ア	④	2	
	イ	⓪	2	
	ウエ　オカキ	19　400	2	
	ク　ケコサ	3　125	2	
	シス　セソタチ	19　2000	2	
	ツテ	81	2	
	トナ　ニヌネ	19　162	4	
	ノハヒフ	1838	4	
	小計（20点）			
合計（100点満点）				

解説 **第3回 実戦問題**

□第1問

〔1〕【数と式】

ねらい

・整数部分，小数部分の意味を理解しているか

・与えられた情報から適切な不等式を作ることができるか

・必要条件，十分条件の意味を理解しているか

解説

(1) πの整数部分は [ア 3] (…… [ア ③])

小数部分は [イ $\pi-3$] (…… [イ ⑥])

▶実数αの整数部分をa，小数部分をbとすると $b=\alpha-a$

(2) $$\frac{1}{4-\sqrt{15}}=\frac{4+\sqrt{15}}{(4-\sqrt{15})(4+\sqrt{15})}$$
$$=4+\sqrt{15}$$

▶分母の有理化

$3<\sqrt{15}<4$であるから，

$$7<4+\sqrt{15}<8$$

よって，

$$a=\boxed{ウ\ 7}$$

$$b=(4+\sqrt{15})-7=\boxed{エ\ \sqrt{15}-3}$$

(…… [エ ④])

また，

$$(b+3)^2=(-3+\sqrt{15}+3)^2$$
$$=15$$

より，

$$b^2+6b+9=15$$

$$\therefore\ \ b^2+6b=\boxed{オ\ 6}$$

〈オの別解〉

$$b^2+6b=(-3+\sqrt{15})^2+6(-3+\sqrt{15})$$
$$=(9+15-6\sqrt{15})+(-18+6\sqrt{15})$$

▶直接代入してもよい

$=$ オ 6

(3) 子ども x 人が基本料金で入場するより，子ども 50 人の団体料金の方が安いとすると，

$500x > 450 \times 50$ ……①

$\therefore \quad x > 45$

よって，カキ 46 人以上なら 50 人の団体料金で入場した方が安くなり，45 人のときは，50 人の団体料金で入場したときと同じ料金になる。

▶①において左辺と右辺が等しいとき

また，

（大人の割引率）＜（子どもの割引率）

であるから，ク 子どもの方が割引率は高いので，大人が混ざるより子どもだけの方が割引率で考えると得になる。 （……ク ⓪）

▶子どもの割引率は
$\dfrac{500-450}{500} \times 100(\%)$
大人の割引率は
$\dfrac{800-750}{800} \times 100(\%)$

(4) アンケート調査の結果から，q ならば p は真であり，p ならば q は偽であるとわかるので，ケ p は q であるための必要条件であるが，十分条件でない。

（……ケ ①）

〔2〕【図形と計量】

ねらい

・$\sin\theta$，$\cos\theta$ を使って線分の長さを表現できるか
・円に内接する四角形の問題を処理できるか
・誘導の意味を理解できるか

解説

(1) CH $=$ コ $b\sin A$ （……コ ①）

▶下図において
$x = r\cos\theta$，$y = r\sin\theta$

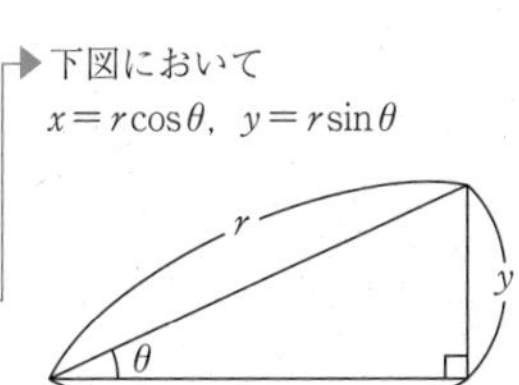

(2)

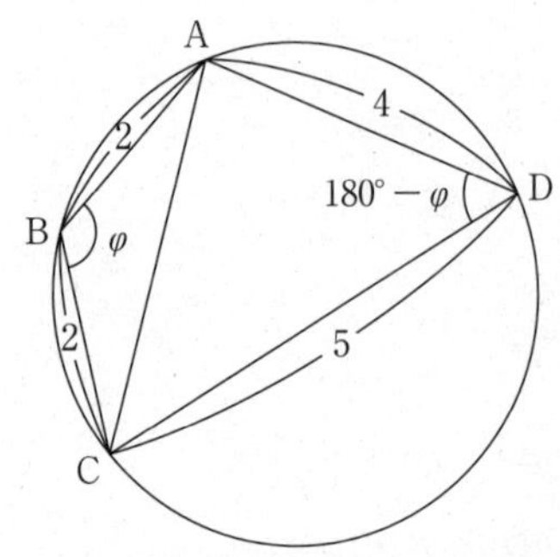

（i）　$\angle ABC = \varphi$ とすると，$\angle ADC = 180° - \varphi$ であるから，

▶円に内接する四角形では，向かい合う角の和は 180°

$\triangle ABC$，$\triangle DAC$ に余弦定理を適用すると，

$$\begin{cases} AC^2 = 2^2 + 2^2 - 2\cdot 2\cdot 2\cos\varphi \\ AC^2 = 4^2 + 5^4 - 2\cdot 4\cdot 5\cos(180° - \varphi) \end{cases}$$

$$\therefore \quad \begin{cases} AC^2 = 8 - 8\cos\varphi \\ AC^2 = 41 + 40\cos\varphi \end{cases}$$

▶$\cos(180° - \theta) = -\cos\theta$

これより，

$$AC = \frac{\boxed{\text{サ}\quad 3}\sqrt{\boxed{\text{シ}\quad 6}}}{\boxed{\text{ス}\quad 2}},$$

$$\cos\varphi = \frac{-\boxed{\text{セソ}\quad 11}}{\boxed{\text{タチ}\quad 16}}$$

（ii）　$$\sin\varphi = \sqrt{1 - \cos^2\varphi} = \frac{3\sqrt{15}}{16}$$

▶$\sin^2\theta + \cos^2\theta = 1$ より

であるから，

$$\begin{aligned}(\text{四角形 } ABCD) &= \triangle ABC + \triangle DAC \\ &= \frac{1}{2}\cdot 2\cdot 2\sin\varphi \\ &\quad + \frac{1}{2}\cdot 5\cdot 4\sin(180° - \varphi) \\ &= 2\sin\varphi + 10\sin\varphi \\ &= 12\sin\varphi \end{aligned}$$

▶$\sin(180° - \theta) = \sin\theta$

$$=12\times\frac{3\sqrt{15}}{16}$$

$$=\frac{\boxed{ツ\ 9}\sqrt{\boxed{テト\ 15}}}{\boxed{ナ\ 4}}$$

(iii)

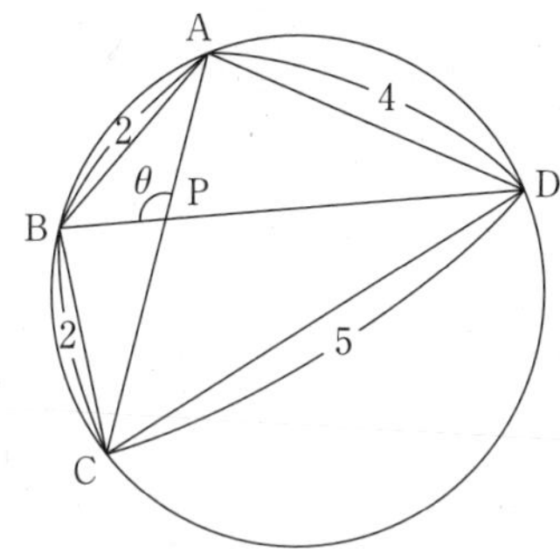

$$(四角形\ \mathrm{ABCD})=\frac{1}{2}\times\mathrm{AC}\times\mathrm{BD}\times\sin\theta$$

より,

$$\frac{9\sqrt{15}}{4}=\frac{1}{2}\times\frac{3\sqrt{6}}{2}\times\mathrm{BD}\times\sin\theta$$

$$\therefore\quad \mathrm{BD}\times\sin\theta=\frac{9\sqrt{15}}{4}\times\frac{4}{3\sqrt{6}}$$

$$=\frac{3\sqrt{15}}{\sqrt{6}}$$

$$=\boxed{ニ\ \frac{3\sqrt{10}}{2}}\ (\cdots\cdots\ \boxed{ニ\ ②})$$

第2問

〔1〕【2次関数】

ねらい

- 日常生活に関する問題を数学の問題に置き換えられるか
- 場合分けされた関数を正しく表現できるか
- 場合分けされた関数の最大値を求めることができるか

解説

(1) (a) $800 < x \leqq 1600$ のとき

販売価格が10円上がるごとに販売数が1枚ずつ減るから，傾きは，

$$-\frac{1}{10}$$

である。また，販売価格800円のときの販売数は320枚であるから，

$$y = -\frac{1}{10}(x-800)+320$$

$$= -\frac{1}{\boxed{ア\ 10}}x + \boxed{イ\ 400} \quad \cdots\cdots ①$$

(⋯⋯ ア ④ イ ⑤)

▶ $(\text{傾き}) = \dfrac{(y\text{の変化量})}{(x\text{の変化量})}$

▶ 傾き m で点 $(a,\ b)$ を通る直線の方程式は
$y = m(x-a)+b$

(b) $1600 < x < 2800$ のとき

販売価格が10円上がるごとに販売数は2枚ずつ減るから，傾きは，

$$-\frac{2}{10} = -\frac{1}{5}$$

である。また，①より，$x=1600$ のとき $y=240$ であるから，

$$y = -\frac{1}{5}(x-1600)+240$$

$$= -\frac{1}{\boxed{ウ\ 5}}x + \boxed{エ\ 560}$$

(⋯⋯ ウ ② エ ⑦)

また，利益 $P(x)$ は

$$P(x) = xy - 800y$$
$$= y(x-800)$$

である。

▶ (売上額) − (製作費用の合計)

よって，(a)のときは

$$P(x) = \left(-\frac{1}{\boxed{ア\ 10}}x + \boxed{イ\ 400}\right)(x - \boxed{オ\ 800})$$

(⋯⋯ オ ⑨)

(b)のときは

$$P(x)=\left(-\frac{1}{\boxed{ウ\ 5}}x+\boxed{エ\ 560}\right)(x-\boxed{オ\ 800})$$

(2) $z=P(x)$ のグラフは下図のようになる。

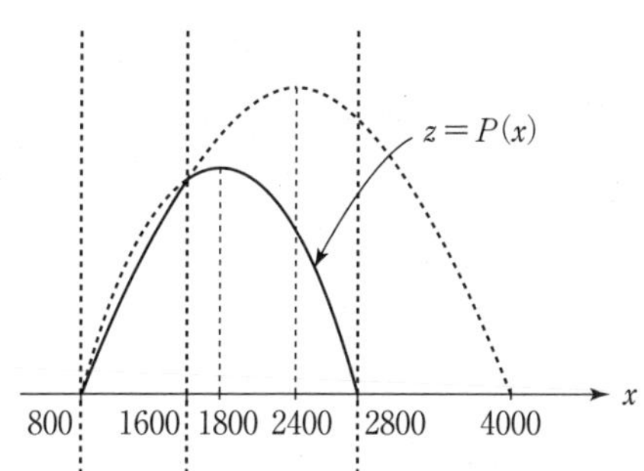

▶ x についての2次関数 $y=a(x-\alpha)(x-\beta)$ のグラフは $(\alpha,\ 0)$，$(\beta,\ 0)$ を通り，軸が $x=\frac{\alpha+\beta}{2}$ となる

▶ x は10の倍数なので，グラフは左図の実線上の点列（点の列）になる

これより，利益が最大となるときの販売価格は

$\boxed{カキクケ\ 1800}$ 円。

〔2〕【データの分析】

ねらい

・平均値，分散，相関係数の計算ができるか

・データの個数が少ないときの相関係数を散布図から読み取れるか

・変数変換したときの分散，共分散，相関係数の値の変化を計算できるか

解説

英語の小テストの点数を x，数学の小テストの点数を y とする。

(1) $$\bar{x}=\frac{8+7+6+7}{4}=\boxed{コ\ 7}$$

$$\bar{y}=\frac{8+10+6+8}{4}=8$$

よって，x，y の各値の偏差は次のようになる。

▶平均値からの差が偏差

	太郎	花子	健太	明子
$x-\overline{x}$	1	0	−1	0
$y-\overline{y}$	0	2	−2	0

これより，x の分散 ${s_x}^2$ は

▶分散は，偏差の２乗の平均値

$$
\begin{aligned}
{s_x}^2 &= \frac{1^2+0^2+(-1)^2+0^2}{4} \\
&= \frac{1}{2} \\
&= \boxed{サ\ 0.50}
\end{aligned}
$$

（……サ ⑤）

また，y の分散 ${s_y}^2$ は

$$
\begin{aligned}
{s_y}^2 &= \frac{0^2+2^2+(-2)^2+0^2}{4} \\
&= \boxed{シ\ 2.00}
\end{aligned}
$$

（……シ ⑦）

(2)　x と y の共分散 s_{xy} は

▶共分散は，偏差の積の平均値

$$
\begin{aligned}
s_{xy} &= \frac{1\cdot0+0\cdot2+(-1)(-2)+0\cdot0}{4} \\
&= \frac{1}{2}
\end{aligned}
$$

よって，x と y の相関係数 r は

$$
\begin{aligned}
r &= \frac{s_{xy}}{s_x s_y} \\
&= \frac{\frac{1}{2}}{\sqrt{\frac{1}{2}}\sqrt{2}} \\
&= \frac{1}{2} \\
&= \boxed{ス\ 0.50}
\end{aligned}
$$

（……ス ⑤）

また，２点を結ぶ直線の傾きの正負を考えることにより，

太郎と花子の 2 人の相関係数は セ -1.00
健太と明子の 2 人の相関係数は ソ 1.00

(…… セ ② ソ ⑥)

▶太郎と花子の散布図

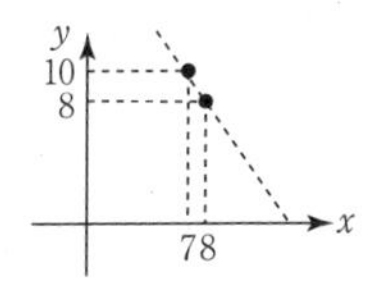

健太と明子の散布図

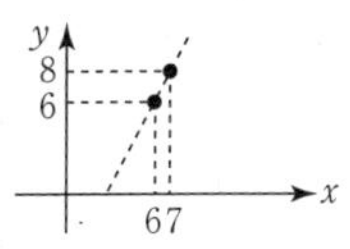

(3) 4 人全員のときの散布図は次のようになる。

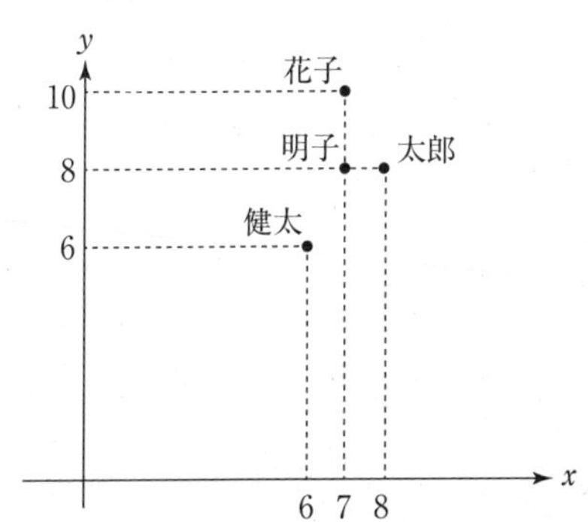

よって，4 人のうち 3 人のデータの相関係数の値が唯一負になるのは，タ 太郎，花子，明子 である。

(…… タ ①)

▶3 点の分布が傾きが負の直線に近いものを選べばよい

(4) チ ②

▶共分散の符号と相関係数の符号は一致する

(5) 100 点満点に換算したときの英語と数学の小テストの得点をそれぞれ z，w とすると，これらは $z=10x$，$w=10y$ と表せる。よって，

$$\begin{cases} s_z{}^2 = 10^2 s_x{}^2 \\ s_w{}^2 = 10^2 s_y{}^2 \end{cases}$$

▶分散は 10^2 倍

また，

$$s_{zw} = 10 \times 10 \times s_{xy}$$
$$= 100 s_{xy}$$

▶z，w の各値の偏差は x，y の各値の偏差のそれぞれ 10 倍になる

より，z と w の相関係数を r_1 とすると，

$$r_1 = \frac{s_{zw}}{s_z s_w} = \frac{100s_{xy}}{10s_x \cdot 10s_y} = \frac{s_{xy}}{s_x s_y} = r$$

よって，ッ 英語と数学の分散がそれぞれ100倍となり，共分散も 100倍となるので，相関係数は変わらない。

（…… ッ ②）

□第３問【図形の性質】

ねらい

・チェバの定理，メネラウスの定理を正しく使うことができるか
・線分比から面積比を計算できるか
・４点が同一円周上にあるための条件を理解しているか

解説

(1)

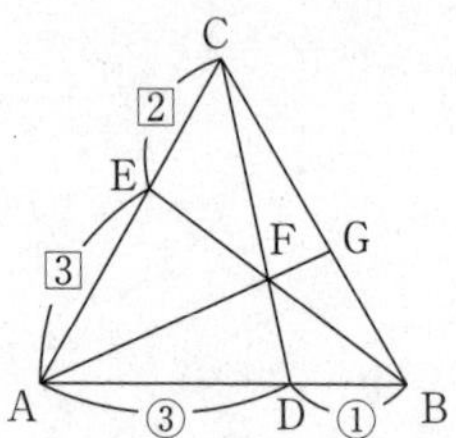

【太郎さんによる課題１の解答】

問１　チェバの定理より，

$$\text{ア}\quad \frac{AD}{DB} \times \frac{BG}{GC} \times \frac{CE}{EA} = 1$$

（…… ア ①）

$$\therefore\quad 3\times\frac{BG}{GC}\times\frac{2}{3}=1$$

これより，

$$\frac{BG}{CG}=\frac{\boxed{イ\ 1}}{\boxed{ウ\ 2}}$$

問2　△ABGと直線CDにメネラウスの定理を適用すると，

$$\boxed{エ\ \frac{AD}{DB}\times\frac{BC}{CG}\times\frac{GF}{FA}=1}$$

(……$\boxed{エ\ ④}$)

$$\therefore\quad 3\times\frac{3}{2}\times\frac{GF}{FA}=1$$

▶BG：CG＝1：2であるから
BC：CG＝3：2

これより，

$$\frac{FG}{AF}=\frac{\boxed{オ\ 2}}{\boxed{カ\ 9}}$$

問3

$$\triangle CEF=\frac{2}{5}\triangle FAC$$

▶CE：EA＝2：3より

$$=\frac{2}{5}\times\frac{9}{11}\triangle ACG$$

▶AF：FG＝9：2より

$$=\frac{2}{5}\times\frac{9}{11}\times\frac{2}{3}\triangle ABC$$

▶CG：GB＝2：1より

$$=\frac{12}{55}\triangle ABC$$

$$\therefore\quad S_1=\frac{\boxed{キク\ 12}}{\boxed{ケコ\ 55}}S$$

同様に，

$$\triangle ADF=\frac{3}{4}\triangle FAB$$

▶AD：DB＝3：1より

$$=\frac{3}{4}\times\frac{9}{11}\triangle GAB$$

▶AF：FG＝9：2より

$$=\frac{3}{4}\times\frac{9}{11}\times\frac{1}{3}\triangle ABC$$

▶BG：GC＝1：2より

$$=\frac{9}{44}\triangle\mathrm{ABC}$$

$$\therefore\quad S_2=\frac{\boxed{サ\ 9}}{\boxed{シス\ 44}}S$$

これより，

$$\frac{S_1}{S_2}=\frac{\frac{12}{55}S}{\frac{9}{44}S}=\frac{\boxed{セソ\ 16}}{\boxed{タチ\ 15}}$$

(2) 【花子さんによる課題2の解答】

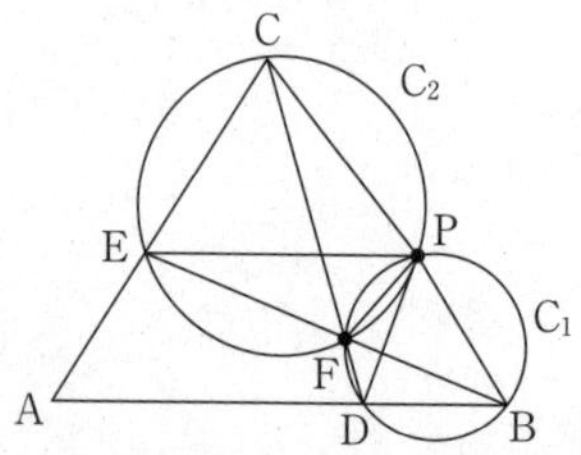

円 C_1 において，円周角の定理より，

∠BDP＝∠B ツ FP ……①

（…… ツ ⑥）

四角形EFPCは円 C_2 に内接するので，

∠B ツ FP ＝∠E テ CP ……②

（…… テ ④）

①，②より，

∠BDP＝∠ECP

▶四角形PQRSが円に内接するとき $A=B$

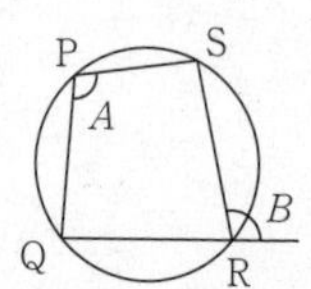

また，上図の四角形PQRSにおいて $A=B$ のとき，4点P，Q，R，Sは同一円周上にある

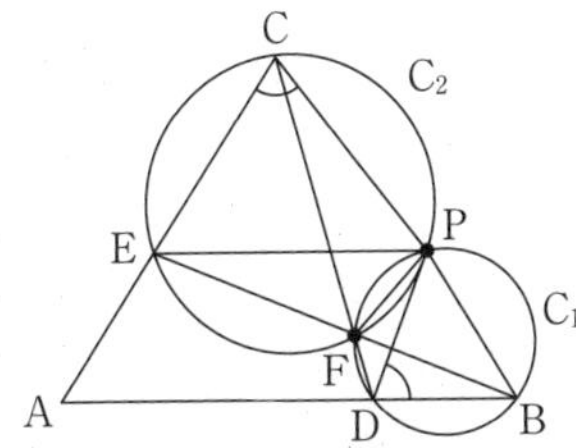

よって，4点 ト A，D，P，C は同一円周上にある。

(……ト ⓪)

また，C_2 において，円周角の定理より，

∠C ナ EP ＝∠CFP ……③

(……ナ ⓪)

四角形 DBPF は円 C_1 に内接するので，

∠CFP＝∠D ニ BP ……④

(……ニ ②)

③，④より，

∠CEP＝∠DBP

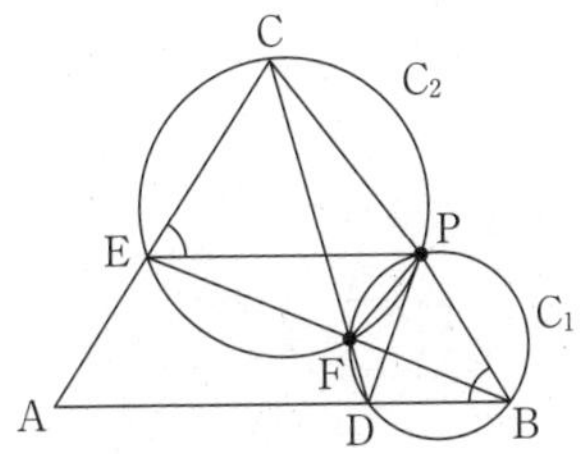

よって，4点 ヌ A，B，P，E は同一円周上にある。

(……ヌ ①)

以上より，4つの三角形，△ABE，△ADC，△BFD，△CEF の外接円は点 P で交わるとわかる。

□第4問【場合の数と確率】

ねらい

・日常生活に関する問題を数学の問題に置き換えられるか
・適切に場合分けして確率を求めることができるか
・条件付き確率（原因の確率）を計算できるか

解説

事象 E_1, E_2, E_3, F を

E_1：良性の腫瘍 A を持っているという事象
E_2：悪性の腫瘍 A を持っているという事象
E_3：腫瘍 A を持っていないという事象
F：陽性と判定されるという事象

で定義する。

研究結果をまとめると次のようになる。

腫瘍 A	ある($E_1 \cup E_2$)				ない(E_3)	
	良性(E_1)		悪性(E_2)			
	4%		1%		95%	
検査 B	陽性	陰性	陽性	陰性	陽性	陰性
	60%	40%	95%	5%	5%	95%

(1) ある人が腫瘍 A を持っている確率は，

$$P(E_1 \cup E_2) = \frac{5}{100} = \boxed{ア\ \frac{1}{20}} \quad (\cdots\cdots \boxed{ア\ ④})$$

▶良性の腫瘍と悪性の腫瘍の場合がある

また，ある人が悪性の腫瘍 A を持っている確率は，

$$P(E_2) = \boxed{イ\ \frac{1}{100}} \quad (\cdots\cdots \boxed{イ\ ⓪})$$

(2) 検査 B を受けた人が「腫瘍 A がない」かつ「陽性と判定される」確率は，

$$P(E_3 \cap F) = \frac{95}{100} \cdot \frac{5}{100} = \frac{\boxed{ウエ\ 19}}{\boxed{オカキ\ 400}}$$

また，検査 B を受けた人が「良性の腫瘍 A がある」かつ「陽性と判定される」確率は，

$$P(E_1 \cap F) = \frac{4}{100} \cdot \frac{60}{100} = \frac{\boxed{クー3}}{\boxed{ケコサー125}}$$

さらに，検査Bを受けた人が「悪性の腫瘍Aがある」かつ「陽性と判定される」確率は，

$$P(E_2 \cap F) = \frac{1}{100} \cdot \frac{95}{100} = \frac{\boxed{シスー19}}{\boxed{セソタチー2000}}$$

以上のことから，検査Bを受けた人が「陽性と判定される」確率 $P(F)$ は，

$$P(F) = P(E_1 \cap F) + P(E_2 \cap F) + P(E_3 \cap F)$$
$$= \frac{3}{125} + \frac{19}{2000} + \frac{19}{400}$$
$$= \frac{\boxed{ツテー81}}{1000}$$

(3) 検査Bを受けた人が「陽性」と判定されたときに，実際は「悪性の腫瘍Aがある」人である条件付き確率は，

$$P_F(E_2) = \frac{P(F \cap E_2)}{P(F)}$$
$$= \frac{\frac{19}{2000}}{\frac{81}{1000}}$$
$$= \frac{\boxed{トナー19}}{\boxed{ニヌネー162}}$$

また，検査Bを受けた人が「陰性」と判定される確率 $P(\overline{F})$ は，

$$P(\overline{F}) = 1 - P(F)$$
$$= 1 - \frac{81}{1000}$$
$$= \frac{919}{1000}$$

▶余事象の確率

よって，検査Bを受けた人が「陰性」と判定されたときに，実際は「悪性の腫瘍Aがある」人である条件付

き確率は,

$$P_{\overline{F}}(E_2)=\frac{P(\overline{F}\cap E_2)}{P(\overline{F})}$$

$$=\frac{\frac{1}{2000}}{\frac{919}{1000}}$$

$$=\frac{1}{\boxed{ノハヒフ\ 1838}}$$

▶$P(\overline{F}\cap E_2)=\frac{1}{100}\cdot\frac{5}{100}$

解答解説 第4回

出演：志田晶先生

問題番号(配点)	解答番号	正解	配点	自己採点
第1問 (30)	ア	②	1	
	イ	3	2	
	ウ：エ	3：1	2	
	オ	1	2	
	カ	③	2	
	キ：ク：ケ	5：1：3	3	
	コ	③	3	
	サ：シ：ス	2：2：3	2	
	セソ	45	2	
	タ：チ	2：2	2	
	ツ：テ：ト	6：2：3	2	
	ナ	④	2	
	ニ	⑦	2	
	ヌ	①	3	
	小計（30点）			
第2問 (30)	ア	②	2	
	イ	①	2	
	ウ	⓪	1	
	エ	⓪	1	
	オ	②	1	
	カ	⓪	1	
	キ	⓪	1	
	ク：ケ	⓪：⑤	4*（各2）	
	コ：サ：シ	①：③：⓪	2	
	ス：セ	②：④	6*（各3）	
	ソ	⑤	2	
	タ	③	2	
	チ	④	2	
	ツ	④	3	
	小計（30点）			

問題番号(配点)	解答番号	正解	配点	自己採点
第3問 (20)	ア	5	1	
	イ：ウ	⓪：④	1*	
	エ：オ	④：⑥	1*	
	カ	2	2	
	キ	6	2	
	ク：ケ：コ	6：2：6	2	
	サ：シ：ス	2：1：1	2	
	セソ	45	2	
	タ	①	1	
	チ：ツテ	3：10	2	
	ト	③	2	
	ナ：ニ	3：5	2	
	小計（20点）			
第4問 (20)	ア：イ	2：3	1	
	ウ：エ	1：3	1	
	オ：カ	1：3	2	
	キ	1	2	
	ク：ケ	2：9	2	
	コ：サ	1：6	2	
	シ	⓪	1	
	ス：セ	1：2	2	
	ソ：タチ	3：10	2	
	ツテ：トナ	11：20	2	
	ニヌ：ネノ	13：20	2	
	ハ	①	1	
	小計（20点）			
合計（100点満点）				

＊ 解答の順序は問わない。

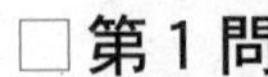

解説 第4回 実戦問題

□第1問

〔1〕【数と式】

ねらい

・絶対値を場合分けして処理できるか
・グラフを利用して不等式を解くことができるか
・必要条件，十分条件の意味を理解しているか

解説

一般に，aを実数とするとき，

$\sqrt{a^2}=$ ア $|a|$　（…… ア ②）

▶$\sqrt{a^2}=a$としないこと

であるから，

$f(x)=\sqrt{x^2}+\sqrt{(x+2)^2}-\sqrt{(x-1)^2}$
$=|x|+|x+2|-|x-1|$

▶場合分けのときの等号はどちらにつけてもよい

(i)　$x\geqq1$のとき

$f(x)=x+(x+2)-(x-1)$
$=x+$ イ 3

(ii)　$0\leqq x<1$のとき

$f(x)=x+(x+2)+(x-1)$
$=$ ウ 3 $x+$ エ 1

(iii)　$-2\leqq x<0$のとき

$f(x)=-x+(x+2)+(x-1)$
$=x+$ オ 1

(iv)　$x<-2$のとき

$f(x)=-x-(x+2)+(x-1)$
$=-x-$ イ 3

(1)　(i)〜(iv)より，$y=f(x)$のグラフは右ページのようになるので， カ ③ が正しい。

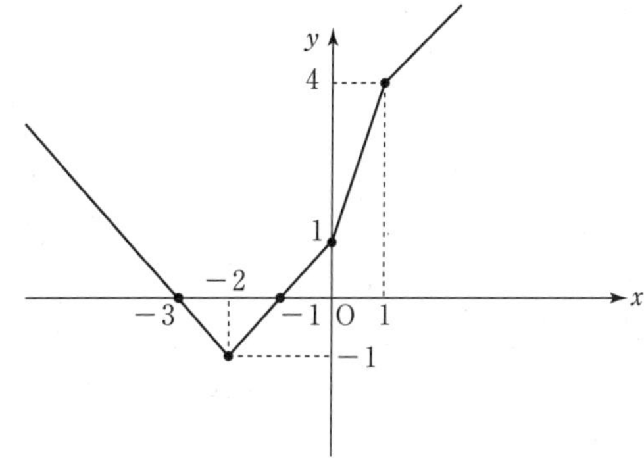

(2) $y=f(x)$ のグラフと $y=2$ のグラフの上下関係は下のようになる。

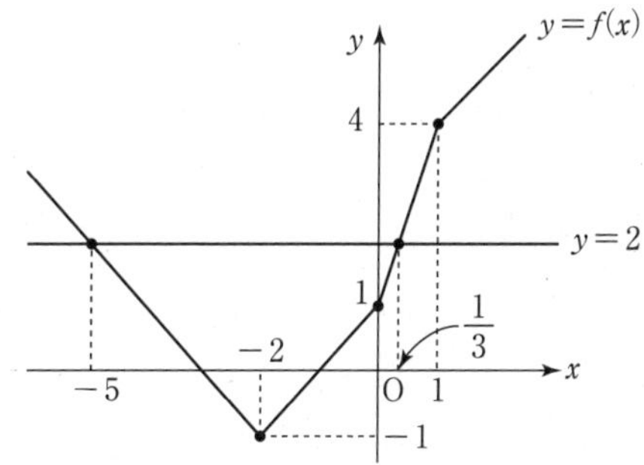

これより，不等式 $f(x) \leqq 2$ の解は

$$-\boxed{キ\ 5} \leqq x \leqq \frac{\boxed{ク\ 1}}{\boxed{ケ\ 3}}$$

▶ $y=f(x)$ のグラフが $y=2$ のグラフより下となる部分（端点を含む）

(3) 「不等式 $f(x) \leqq k$ が整数解をもつならば，$f(x) \leqq k$ が実数解をもつ」は明らかに正しい。

▶整数解は実数解でもある

逆に，不等式 $f(x) \leqq k$ が実数解をもつとき，次ページのグラフより，$k \geqq -1$ であるから，$f(x) \leqq k$ は整数解 $x=-2$ をもつ。

よって，不等式 $f(x) \leqq k$ が実数解をもつことは，

$f(x) \leqq k$ が整数解をもつための $\boxed{コ\ 必要十分条件であ}$

る。 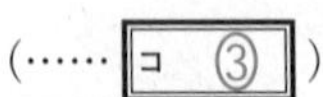

▶左図の場合，$f(x) \leqq k$ の解は $\alpha \leqq x \leqq \beta$

〔２〕【図形と計量】

ねらい

・正弦定理，余弦定理を使えるか

・与えられた図形の面積を求めることができるか

・外接円の半径と内接円の半径の関係を求めることができるか

解説

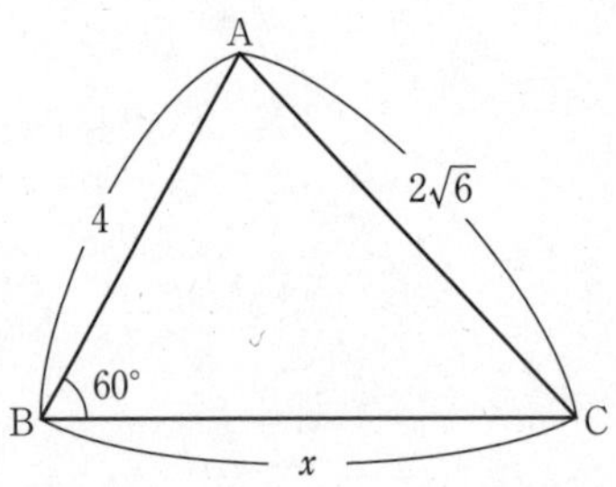

(1) BC $= x$ とおくと，余弦定理から，

$$(2\sqrt{6})^2 = x^2 + 4^2 - 2 \cdot x \cdot 4\cos 60^\circ$$

▶$b^2 = c^2 + a^2 - 2ca\cos B$

$$x^2 - 4x - 8 = 0$$

$x > 0$ であるから，

$$x = \text{BC} = \boxed{サ\ 2} + \boxed{シ\ 2}\sqrt{\boxed{ス\ 3}}$$

▶$x = 2 - 2\sqrt{3}\,(<0)$ は不適

また，△ ABC の外接用の半径を R とおくと，正弦定理より，

$$2R=\frac{4}{\sin\angle\mathrm{ACB}}=\frac{2\sqrt{6}}{\sin 60^\circ}$$

▶$2R=\dfrac{c}{\sin C}=\dfrac{b}{\sin B}$

これより，

$$R=\frac{\sqrt{6}}{\sin 60^\circ}=\boxed{タ\ 2}\sqrt{\boxed{チ\ 2}}$$

$$\sin\angle\mathrm{ACB}=\frac{1}{\sqrt{2}}$$

$$\angle\mathrm{ACB}=\boxed{セソ\ 45}^\circ$$

▶$\angle\mathrm{ACB}=135^\circ$ は不適

また，

$$\triangle\mathrm{ABC}=\frac{1}{2}\cdot 4\cdot(2+2\sqrt{3})\cdot\sin 60^\circ$$

$$=\boxed{ツ\ 6}+\boxed{テ\ 2}\sqrt{\boxed{ト\ 3}}$$

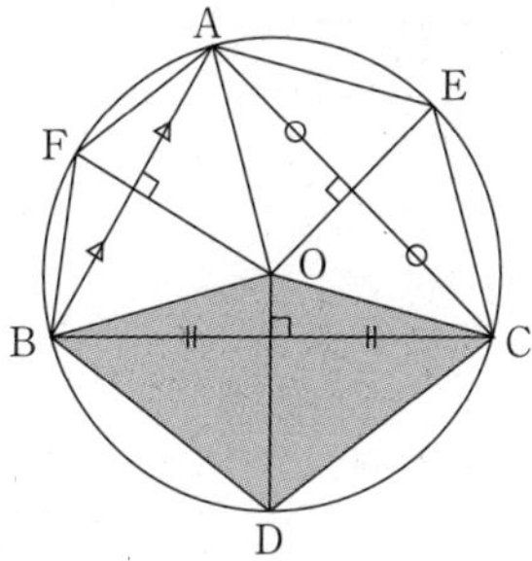

OD ⊥ BC であるから，

(四角形 OBDC)

$$=\frac{1}{2}\times\mathrm{OD}\times\mathrm{BC}$$

$$=\frac{1}{2}\times 2\sqrt{2}\times(2+2\sqrt{3})$$

$$=\boxed{ナ\ 2\sqrt{2}+2\sqrt{6}}$$ (…… $\boxed{ナ\ ④}$)

同様に，

▶下図において AC ⊥ BD のとき，

(四角形 ABCD)

$=\dfrac{1}{2}\times$(四角形 PQRS)

$=\dfrac{1}{2}\times\mathrm{AC}\times\mathrm{BD}$

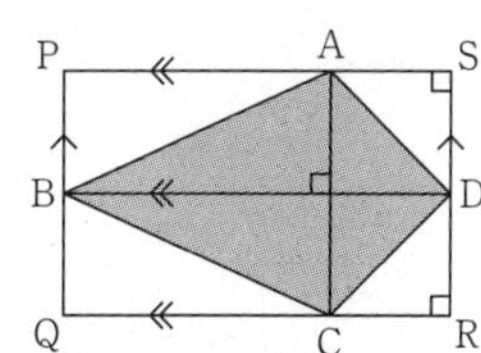

(四角形 OCEA)

$=\frac{1}{2}\times \mathrm{OE}\times \mathrm{AC}$

$=\frac{1}{2}\times 2\sqrt{2}\times 2\sqrt{6}$

$=4\sqrt{3}$

(四角形 OAFB)

$=\frac{1}{2}\times \mathrm{OF}\times \mathrm{AB}$

$=\frac{1}{2}\times 2\sqrt{2}\times 4$

$=4\sqrt{2}$

これより，六角形 AFBDCE の面積は，

(四角形 OBDC)＋(四角形 OCEA)＋(四角形 OAFB)

$=(2\sqrt{2}+2\sqrt{6})+4\sqrt{3}+4\sqrt{2}$

$=\boxed{= \ 6\sqrt{2}+4\sqrt{3}+2\sqrt{6}}$ (…… $\boxed{=}$ ⑦)

(2) (1)は次のように一般化できる。

$$\begin{cases}(\text{四角形 OBDC})=\frac{1}{2}\times \mathrm{OD}\times \mathrm{BC}=\frac{1}{2}aR\\(\text{四角形 OCEA})=\frac{1}{2}\times \mathrm{OE}\times \mathrm{AC}=\frac{1}{2}bR\\(\text{四角形 OAFB})=\frac{1}{2}\times \mathrm{OF}\times \mathrm{AB}=\frac{1}{2}cR\end{cases}$$

これより，

$T=$(四角形OBDC)＋(四角形OCEA)＋(四角形OAFB)

$=\frac{1}{2}(a+b+c)R$

また，

$S=\frac{1}{2}(a+b+c)r$

より，

$$\frac{T}{S}=\frac{R}{r}$$

したがって，$\boxed{\text{ヌ}\ R>2r \text{ ならば } T>2S}$ が成り立つ。

（…… ヌ ①）

▶ $\frac{1}{2}(a+b+c)=\frac{S}{r}=\frac{T}{R}$

第2問

〔1〕【2次関数】

ねらい

・2次関数の係数を変化させたときのグラフの動きを分析できるか

・与えられた2次関数のグラフから係数の符号を読み取れるか

・x^2 の係数が変化したときの頂点の移動の様子がわかるか

解説

(1) $y=ax^2+bx+c$ のグラフと y 軸との交点の座標は $(0,\ c)$ である。

また，

$$y=ax^2+bx+c$$
$$=a\left(x+\frac{b}{2a}\right)^2+\frac{-b^2+4ac}{4a}$$

▶平方完成

より，頂点の座標は $\left(-\frac{b}{2a},\ \frac{-b^2+4ac}{4a}\right)$，軸の方程式は $x=-\frac{b}{2a}$ である。

さらに，グラフが x 軸と交わるとき，その共有点の座標は $\left(\frac{-b\pm\sqrt{b^2-4ac}}{2a},\ 0\right)$

▶ x 軸との共有点の x 座標は2次方程式 $ax^2+bx+c=0$ の実数解

よって，a だけを変化させたときに変化しないものは

ア グラフと y 軸の交点の座標。（…… ア ②）

また，c だけを変化させたときに変化しないものは

イ グラフの軸の方程式。（…… イ ①）

(2)

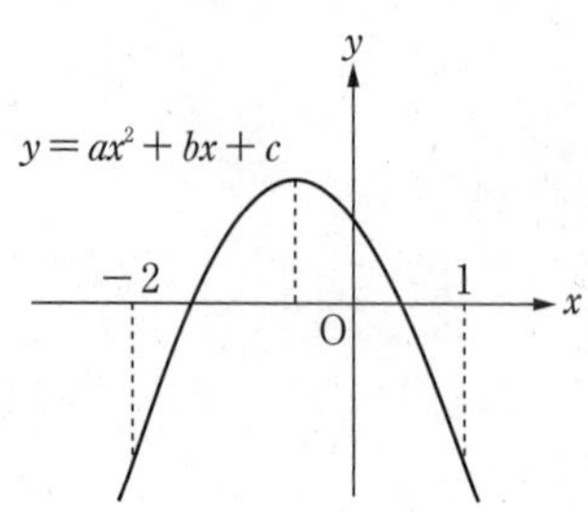

上に凸なグラフなので，a [ウ $<$] 0 である。

(…… [ウ ⓪])

軸が負であるから，

$$-\frac{b}{2a}<0$$

$a<0$ より，

b [エ $<$] 0　(…… [エ ⓪])

▶〈別解〉
$f(x)=ax^2+bx+c$
とするとき，
$f'(0)=b$
であるから，$(0,\ c)$ における接線の傾きを考えると，
$b<0$

y 軸と正の部分で交わるから，

c [オ $>$] 0
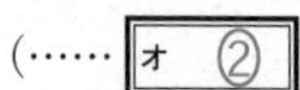
(…… [オ ②])

また，$x=1$ のときの y の値は $a+b+c$ より，

$a+b+c$ [カ $<$] 0　(…… [カ ⓪])

$x=-2$ のときの y の値は $4a-2b+c$ より，

$4a-2b+c$ [キ $<$] 0　(…… [キ ⓪])

(3) 判別式

$$D=b^2-4ac$$

を考える。$a<0$，$c>0$ であるから，b の値のみ変化させても，$D>0$ のまま変わらない。

一方，a が負から正に変化し，$\frac{b^2}{4c}$ より大きくなると，$D<0$ であるから条件を満たす。よって，[ク a のみ値を大きくする]。

▶$c>0$ の下で，a についての不等式 $b^2-4ac<0$ を解くと
$4ac>b^2$
$\therefore\ a>\frac{b^2}{4c}$

また，c が正から負に変化し，$\dfrac{b^2}{4a}$ より小さくなると，$D<0$ であるから条件を満たす。よって，【ケ c のみ値を小さくする】。

（…… ク ⓪ ケ ⑤ 解答の順序は問わない）

▶ $a<0$ の下で，c についての不等式 $b^2-4ac<0$ を解くと
$4ac>b^2$
$\therefore\ c<\dfrac{b^2}{4a}$

(4) $b=-4$，$c=4$ のとき，

$$y=ax^2-4x+4$$
$$=a\left(x-\frac{2}{a}\right)^2-\frac{4}{a}+4$$

であるから，頂点の座標を $(p,\ q)$ とすると，

$$p=\frac{2}{a},\ q=-\frac{4}{a}+4$$

よって，

$$\begin{cases}-1\leqq a<0 \text{ のとき，} p<0,\ q>0\\ 0<a<1 \text{ のとき，} p>0,\ q<0\\ a\geqq 1 \text{ のとき，} p>0,\ q\geqq 0\end{cases}$$

▶ $\begin{cases}a<0 \text{ のとき，} p<0\\ a>0 \text{ のとき，} p>0\end{cases}$
$\begin{cases}a<0,\ a\geqq 1 \text{ のとき，} q\geqq 0\\ 0<a<1 \text{ のとき，} q<0\end{cases}$

であるから，グラフの頂点は，

【コ 第2象限】→【サ 第4象限】→【シ 第1象限】

の順に動く。

（…… コ ① サ ③ シ ⓪）

第4回 実戦問題

〔2〕【データの分析】

ねらい

・箱ひげ図から情報を読み取ることができるか
・ヒストグラムから四分位数の入った階級を読み取ることができるか
・散布図から情報を読み取ることができるか

解説

(1) ス ② セ ④（解答の順序は問わない）

②……中央値は1995年より2007年の方が小さいので誤り。

④……2007年の中央値は12000円より小さいので誤り。

(2) 最小値が含まれる階級は ソ 2000以上3000未満

（…… ソ ⑤ ）

中央値が含まれる階級は タ 4000以上5000未満

（…… タ ③ ）

▶中央値は小さい方から24番目の値

第1四分位数が含まれる階級は チ 3000以上4000未満

（…… チ ④ ）

▶第1四分位数は小さい方から12番目の値

(3) (I) 4時点いずれも相関は弱いので，誤り
(II) 正しい
(III) 正しい

よって，正しいものは ツ ④ である。

〈(III)のヒント〉
実収入に対する教育費の割合が5%のグラフ（直線になる）を考えるとよい。

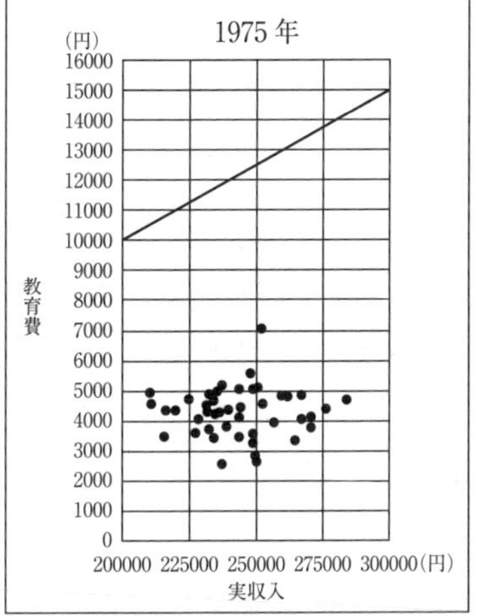

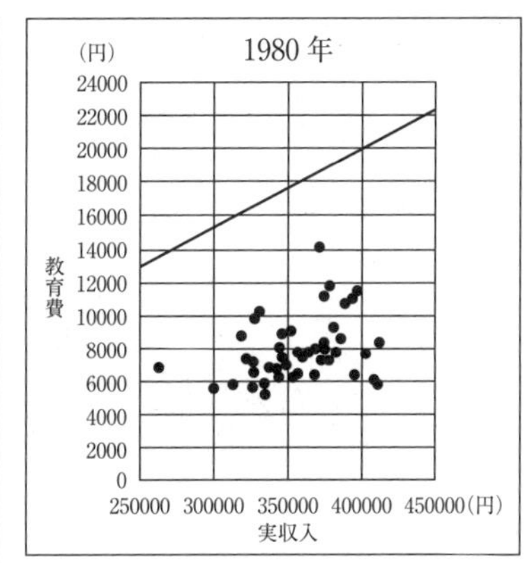

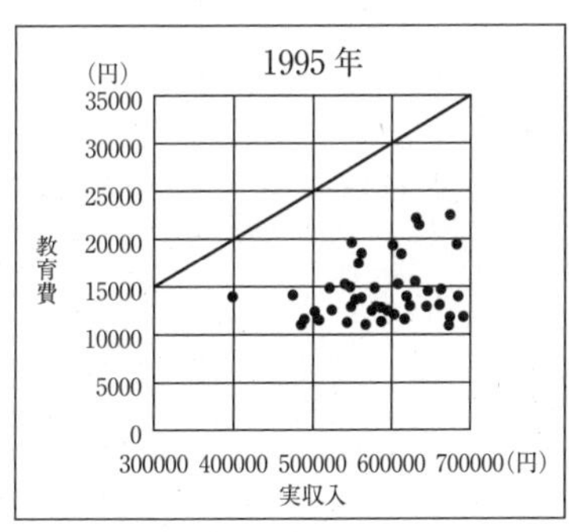

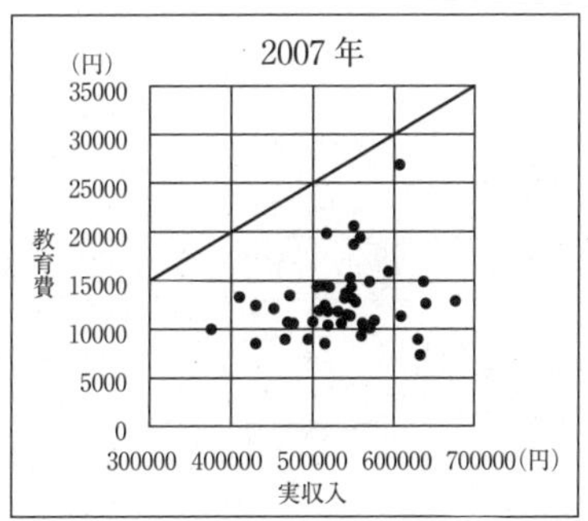

第３問【図形の性質】

ねらい

- 傍接円の半径を求めることができるか
- 相似な三角形を見抜くことができるか
- 同一円周上にある４点を見つけることができるか

解説

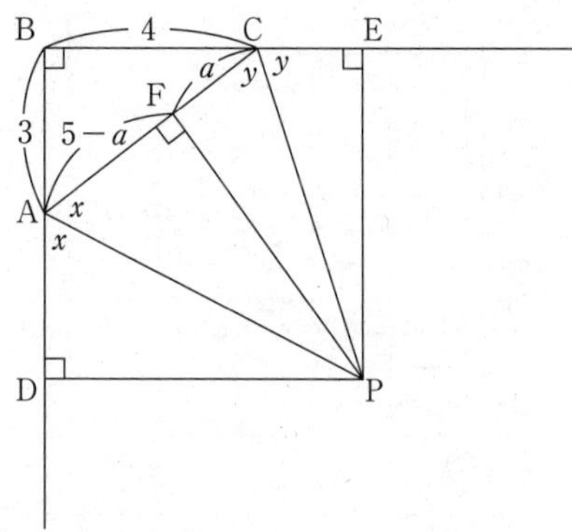

△ABCは直角三角形より，

$AC=\sqrt{3^2+4^2}=$ ア 5

▶三平方の定理

また，

△A イ PD ≡△A ウ PF ，

（… イ ⓪ ウ ④ 解答の順序は問わない）

▶斜辺と他の１角が等しい２つの直角三角形は合同

△C エ PF ≡△C オ PE

（…… エ ④ オ ⑥ 解答の順序は問わない）

より，

PD＝PF＝PE

であるから，∠ABCの二等分線も点Pを通り，点Pを中心とする半径PDの円は，３直線AB，BC，CAのいずれとも接する。

▶合同な三角形の対応する辺の長さは等しい

▶PD＝PEなので∠ABCの二等分線は点Pを通る

CF＝aとおくと，

AF＝AC－CF＝5－a

より，

$$\begin{cases} BD=BA+AD=BA+AF=3+(5-a)=8-a \\ BE=BC+CE=BC+CF=4+a \end{cases}$$

BD＝BEであるから，

$8-a=4+a$

$\therefore \quad a =$ [カ 2]

また，

PD＝BE＝[キ 6]

▶四角形BDPEは正方形

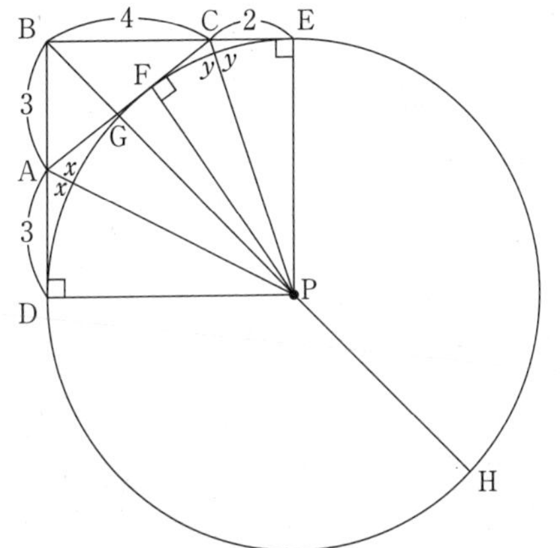

BG＝BP－GP＝[ク 6]$\sqrt{[ケ 2]}$－[コ 6]

また，△BGE∽△BEHより

BE：BH＝BG：BE

$= 6\sqrt{2} - 6 : 6$

$= \sqrt{[サ 2]}$－[シ 1]：[ス 1]

▶∠EBHは共通で，接弦定理より∠BEG＝∠BHEとわかる。
よって，2角が等しいので
△BGE∽△BEH

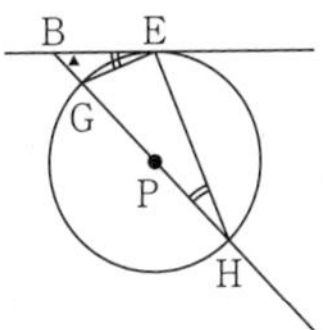

〈サ～スの別解〉

BE：BH＝6：$6\sqrt{2}+6$

$=1 : \sqrt{2}+1$

$= \dfrac{1}{\sqrt{2}+1} : 1$

$= \sqrt{[サ 2]}$－[シ 1]：[ス 1]

▶直接計算してもよい

▶BH＝BP＋PH
＝$6\sqrt{2}+6$

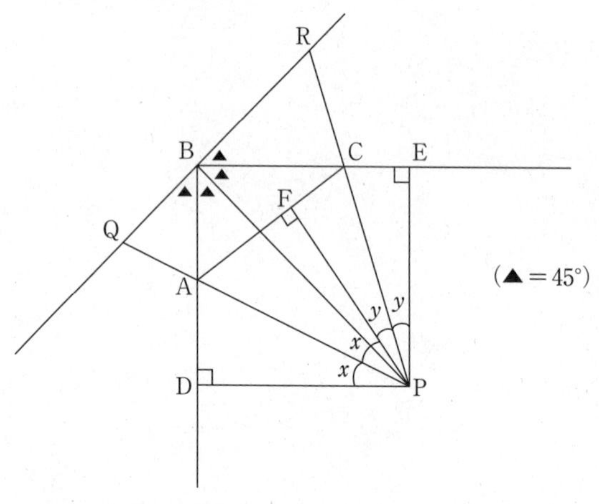

$\triangle APD \equiv \triangle APF$, $\triangle CPF \equiv \triangle CPE$ より，

▶ イ 〜 オ より

$\angle DPA = \angle FPA$, $\angle FPC = \angle EPC$

▶対応する角の大きさは等しい

よって，

$$\angle APC = \frac{1}{2} \times \angle DPE$$
$$= \frac{1}{2} \times 90^\circ$$
$$= \boxed{セソ\ 45}^\circ$$

これより，

$\triangle PAD \backsim \boxed{タ\ \triangle PRB}$ (…… タ ①)

▶$\angle PDA = \angle PBR = 90^\circ$
$\angle BPR = \angle APC - \angle BPQ$
$= 45^\circ - \angle BPQ$
$= \angle BPD - \angle BPQ$
$= \angle DPA$

であり，相似比は

$1 : \sqrt{2}$

▶PD : PB

であるから，

$$PR = AP \times \sqrt{2}$$
$$= 3\sqrt{5} \times \sqrt{2}$$
$$= \boxed{チ\ 3}\sqrt{\boxed{ツテ\ 10}}$$

▶$AP = \sqrt{AD^2 + DP^2}$
$= \sqrt{3^2 + 6^2}$
$= 3\sqrt{5}$

さらに，$\angle PAD = \angle PRB$ より，4点 A，P，R，$\boxed{ト\ B}$ は同一円周上にある。 (…… ト ③)

▶$\triangle PAD \backsim \triangle PRB$ における対応する角

〈ト の別解〉

$$\angle RBA+\angle APR$$
$$=135^\circ+45^\circ$$
$$=180^\circ$$

より，4点 A，P，R，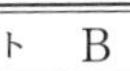 は同一円周上にある。

(…… 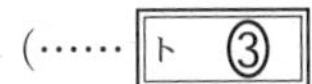)

これより，

$$\angle PAR=90^\circ$$

とわかるので，

$$AR=AP$$
$$=\boxed{ナ\ 3}\sqrt{\boxed{ニ\ 5}}$$

▶円周角の定理より
$\angle PAR=\angle PBR=90^\circ$

▶$\angle PAR=90^\circ$，$\angle APR=45^\circ$ より，$\triangle APR$ は直角二等辺三角形である

◆ Comment

$\angle APR=45^\circ$，AP：PR$=1:\sqrt{2}$ からも，$\triangle APR$ は直角二等辺三角形とわかる（4点 A，P，R，B が同一円周上にあることは利用しなくてもよい）。

第4問【場合の数と確率】

ねらい

- じゃんけんの確率を求めることができるか
- 条件付き確率を計算することができるか
- 相手の手の出し方がわかったときの戦略を立てることができるか

解説

(1) A，B の2人が出す手の数は全部で 3^2 通り。

このうち，引き分けは3通りであるから，1回のじゃんけんで勝負が決まる確率は，

▶A，B が同じ手を出す

$$1-\frac{3}{3^2}=\frac{\boxed{ア\ 2}}{\boxed{イ\ 3}}$$

▶余事象の確率を利用

また，A が勝つのは，

$$(\mathrm{A},\ \mathrm{B})=\begin{cases}(\text{グー},\ \text{チョキ})\\(\text{パー},\ \text{グー})\\(\text{チョキ},\ \text{パー})\end{cases}$$

の3通りあるから，Aが勝つ確率は

$$\frac{3}{3^2}=\frac{\boxed{ウ\ 1}}{\boxed{エ\ 3}}$$

〈ウ，エの別解〉

(Aが勝つ確率)＝(Bが勝つ確率)

であるから，

(Aが勝つ確率)

＝(1回のじゃんけんで勝負が決まる確率)$\times\frac{1}{2}$

$$=\frac{\boxed{ウ\ 1}}{\boxed{エ\ 3}}$$

(2) A，B，Cの3人が出す手の数は全部で3^3通り。

このうち，1回で1人の勝者が決まるのは，

誰が勝つか……${}_3C_1$通り
どの手で勝つか……3通り

より，${}_3C_1\times3$通りある。よって，

$$\frac{{}_3C_1\times3}{3^3}=\frac{\boxed{オ\ 1}}{\boxed{カ\ 3}}$$

3人でじゃんけんを1回する場合，勝者の人数Xのとりうる値とその確率は次のようになる。

X	0	1	2
確率	$\frac{1}{3}$	$\frac{1}{3}$	$\frac{1}{3}$

これより，Xの期待値Eは，

$$E=0\cdot\frac{1}{3}+1\cdot\frac{1}{3}+2\cdot\frac{1}{3}$$

$$=\boxed{キ\ 1}$$

▶グーで勝つ，チョキで勝つ，パーで勝つの3通り

▶${}_3C_1\times3$は下の樹形図を数えている

A — グー / チョキ / パー
B — グー / チョキ / パー
C — グー / チョキ / パー

▶$P(X=2)=\frac{{}_3C_2\times3}{3^3}$

$P(X=0)=1-P(X=1)-P(X=2)$

▶Xのとりうる値とその確率が

X	x_1	x_2	…	x_n	計
確率	p_1	p_2	…	p_n	1

になるとき，Xの期待値は

$E=x_1p_1+x_2p_2+\cdots+x_np_n$

A，B，C，Dの4人が出す手の数は全部で3^4通り。

事象E，Fを

$$\begin{cases} E：1回で2人の勝者が決まるという事象 \\ F：Aがグーの手を出して勝つという事象 \end{cases}$$

とおく。

Eが起こるのは，

$$\begin{cases} 誰が勝つか\cdots\cdots{}_4C_2通り \\ どの手で勝つか\cdots\cdots3通り \end{cases}$$

より，${}_4C_2\times3$通りある。したがって，

$$P(E)=\frac{{}_4C_2\times3}{3^4}=\frac{\boxed{ク\ \ 2}}{\boxed{ケ\ \ 9}}$$

また，$E\cap F$が起こるのは，A以外のもう1人の勝者の決め方を考えると，${}_3C_1$通りであるから，

▶○の決め方が${}_3C_1$通り

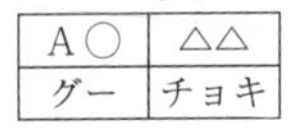

A○	△△
グー	チョキ

$$P(E\cap F)=\frac{{}_3C_1}{3^4}=\frac{1}{27}$$

これより，

$$P_E(F)=\frac{P(E\cap F)}{P(E)}=\frac{\frac{1}{27}}{\frac{2}{9}}=\frac{\boxed{コ\ \ 1}}{\boxed{サ\ \ 6}}$$

(3) (i) Aがパーを出せば$\frac{1}{10}$の確率で勝ち，グーを出せば$\frac{1}{2}$の確率で勝ち，チョキを出せば$\frac{2}{5}$の確率で勝つ。よって，$\boxed{シ\ グー}$を出せば勝つ確率が最も大きくなる。 (……$\boxed{シ\ \ ⓪}$)

その確率は$\frac{\boxed{ス\ \ 1}}{\boxed{セ\ \ 2}}$である。

(ii) Aが「1回目にパー，2回目に$\boxed{シ\ グー}$」を出すとき，

$$\begin{cases} 1\text{回目にAが勝つ確率が}\dfrac{1}{10} \\ 1\text{回目があいこで,} \\ 2\text{回目にAが勝つ確率が}\dfrac{2}{5}\cdot\dfrac{1}{2} \end{cases}$$

▶Bが1回目にパー，2回目にチョキを出す確率

であるから，Aが2回目までに勝者となる確率は，

$$\frac{1}{10}+\frac{2}{5}\cdot\frac{1}{2}=\frac{\boxed{ソ\ 3}}{\boxed{タチ\ 10}}$$

同様に，Aが「1回目にグー，2回目に［シ グー］」を出すとき，Aが2回目までに勝者となる確率は，

$$\frac{1}{2}+\frac{1}{10}\cdot\frac{1}{2}=\frac{\boxed{ツテ\ 11}}{\boxed{トナ\ 20}}$$

Aが「1回目にチョキ，2回目に［シ グー］」を出すとき，Aが2回目までに勝者となる確率は，

$$\frac{2}{5}+\frac{1}{2}\cdot\frac{1}{2}=\frac{\boxed{ニヌ\ 13}}{\boxed{ネノ\ 20}}$$

したがって，Aが「1回目に［ハ チョキ］，2回目に［シ グー］」を出すとき，Aが勝者となる確率が最も高くなる。　（……［ハ ①］）

解答解説 第5回

解説動画
出演：志田晶先生

問題番号(配点)	解答番号	正解	配点	自己採点
第1問 (30)	ア	①	2	
	イ	⓪	2	
	ウ	②	2	
	エ	③	2	
	オ カ キ ク	5 ① ⓪ 8	2	
	ケ コ	4 5	2	
	サ	5	2	
	シス	32	2	
	セ	②	3	
	ソタ チツ	40 24	2	
	テ	4	2	
	ト	8	2	
	ナ ニヌ	2 10	2	
	ネ ノハ ヒ	3 55 4	3	
	小計（30点）			
第2問 (30)	ア	③	2	
	イ	⑤	2	
	ウ	②	2	
	エ オ	0 2	2	
	カキク	100	2	
	ケ	④	2	
	コ サシ	5 04	3	
	ス セ	① ②	3*	
	ソタ	59	2	
	チツテ	144	3	
	トナ	65	2	
	ニ	①	2	
	ヌネノ	045	1	
	ハ	⓪	1	
	ヒ	⓪	1	
	小計（30点）			

問題番号(配点)	解答番号	正解	配点	自己採点
第3問 (20)	アイ ウエ	−9 12	2	
	オ	9	2	
	カ キ	3 2	2	
	ク ケ コ	9 3 2	2	
	サ	3	2	
	シ	2	2	
	ス セ	6 1	3	
	ソ タ	3 1	2	
	チ ツ テ トナ	9 3 3 28	3	
	小計（20点）			
第4問 (20)	ア イ	3 8	2	
	ウエ オカキ	27 128	2	
	ク	2	2	
	ケコ サシス	81 256	2	
	セソ タチツ	91 256	2	
	テト ナニ	64 91	3	
	ヌ	⑤	2	
	ネ	③	3	
	ノ	⓪	2	
	小計（20点）			
合計（100点満点）				

＊ 解答の順序は問わない。

解説

第5回 実戦問題

□第1問

〔1〕【数と式】

ねらい

・絶対値の入った不等式を解けるか
・必要条件，十分条件を判定できるか
・十分条件の意味を理解しているか

解説

集合 A, B, C, D を数直線上に図示すると，次のようになる。

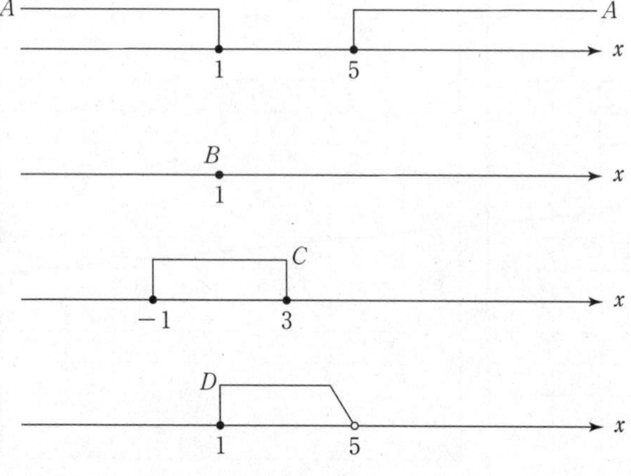

▶ $x^2-6x+5 \geqq 0$ を解くと $x \leqq 1$, $x \geqq 5$

▶ $x^2-2x+1 \leqq 0$ を解くと $x=1$

▶ $|x-1| \leqq 2$ を解くと $-2 \leqq x-1 \leqq 2$ $-1 \leqq x \leqq 3$

▶

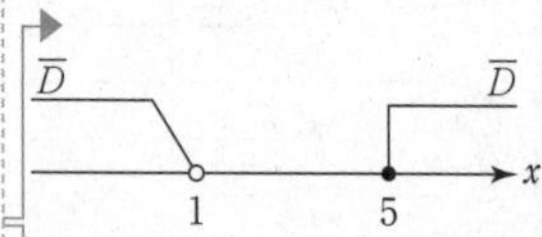

(1) $\overline{D} \subset A$ であるから，$x \in A$ は，$x \in \overline{D}$ であるための ア 必要条件であるが，十分条件でない 。

(…… ア ①)

▶ $X \subset Y$ は真部分集合を表す（つまり X は Y の部分集合でかつ $X \neq Y$）

$A \cap D = \{1\} = B$ であるから，$x \in B$ は，$x \in A \cap D$ であるための イ 必要十分条件である 。

(…… イ ⓪)

$A \cup D = \{x \mid x は実数\} \supset C$ であるから，$x \in C$ は

$x\in A\cup D$ であるための ウ 十分条件であるが，必要条件でない。　（……ウ ②）

$\overline{B}\cap C\not\subset D$ かつ $D\not\subset\overline{B}\cap C$ であるから，$x\in D$ は

$x\in\overline{B}\cap C$ であるための エ 必要条件でも十分条件でもない。　（……

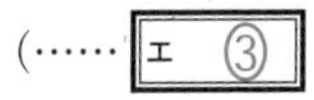

）

▶ $\overline{B}\cap C$ 　−1　1　3　x

◆ Point

2つの集合 P，Q に対し，

(i) $P=Q$ のとき，$x\in P$ であることは $x\in Q$ であるための必要十分条件

(ii) $P\subset Q$ のとき，$x\in P$ であることは $x\in Q$ であるための十分条件であるが，必要条件でない

(iii) $P\supset Q$ のとき，$x\in P$ であることは $x\in Q$ であるための必要条件であるが，十分条件でない

(iv) $P\subsetneqq Q$ かつ $P\supsetneqq Q$ のとき，$x\in P$ であることは $x\in Q$ であるための必要条件でも十分条件でもない

▶ $X\subsetneqq Y$ は部分集合を表す

(2)　$C\cup D=\{x\mid -1\leqq x<5\}$ である。

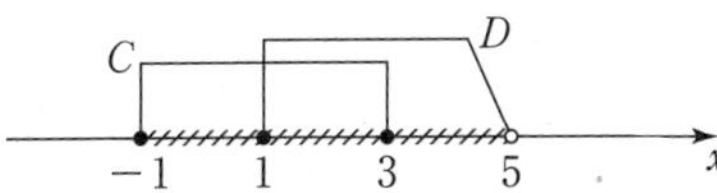

よって，$x\in C\cup D$ であることが，$x\in E$ であるための十分条件となるためには

$$k-9<-1 \text{ かつ } k\geqq 5$$

となればよい。

▶ $C\cup D$ が E の部分集合となればよい

▶ $k-9=-1$ のときは条件を満たさないことに注意すること

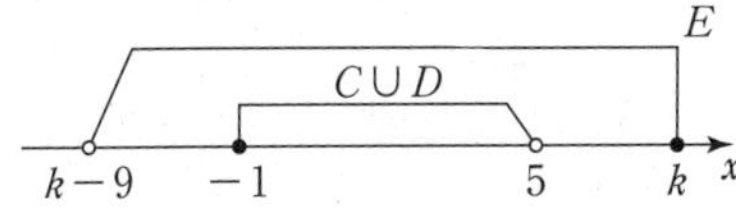

よって，

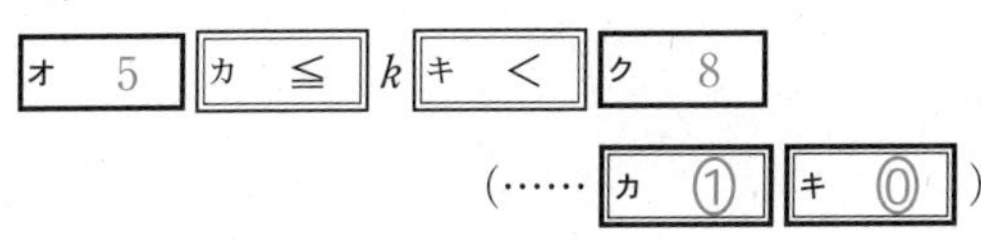

〔2〕【図形と計量】

ねらい

・正弦定理，余弦定理，三角比の相互関係を使えるか
・与えられた角が鋭角（または鈍角）となる条件を求めることができるか
・三角形の面積を求めることができるか

解説

(1)

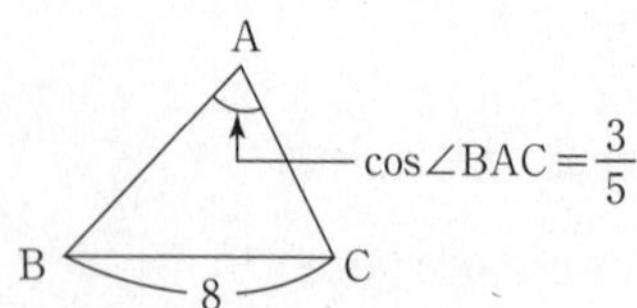

$$\sin\angle BAC=\sqrt{1-\cos^2\angle BAC}$$
$$=\sqrt{1-\left(\frac{3}{5}\right)^2}$$
$$=\frac{\boxed{ケ\ 4}}{\boxed{コ\ 5}}$$

▶$\sin^2\theta+\cos^2\theta=1$

また，正弦定理より，

$$2OA=\frac{8}{\frac{4}{5}}=10$$

$$\therefore\quad OA=\boxed{サ\ 5}$$

▶$2R=\frac{a}{\sin A}$

点B，Cの位置は変えずに，点Aの位置を円Oの円周上で動かすと，点Aが優弧（長い方の弧）BC上で，AB＝ACの［セ 二等辺三角形］のときSは最大となる。

（……［セ ②］）

▶Sを最大にするには，BC（＝8）を底辺として，点Aから直線BCに下ろした垂線AHの長さを最大にすればよい

▶$\cos\angle BAC=\frac{3}{5}$より，正三角形になることはない

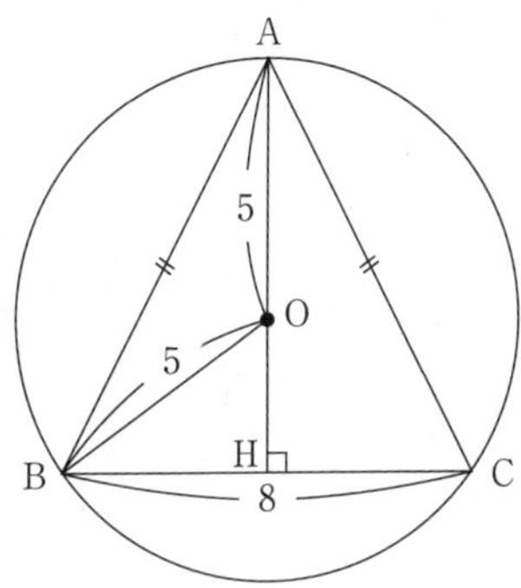

ここで，点Aから辺BCに下ろした垂線の足をHとすると，

$$\mathrm{OH}=\sqrt{\mathrm{OB}^2-\mathrm{BH}^2}$$
$$=\sqrt{5^2-4^2}$$
$$=3$$

▶点Hは辺BCの中点より BH＝4

よって，Sの最大値は

$$\frac{1}{2}\times\mathrm{BC}\times\mathrm{AH}=\frac{1}{2}\times8\times8$$
$$=32$$

▶AH＝OH＋OA ＝3＋5 ＝8

となるので，Sのとりうる範囲は

$0<S\leqq$ シス 32

▶点Aが点Bまたは点Cに近づくときSは0に近づくから，Sは$0<S\leqq32$の値をとる

(2)

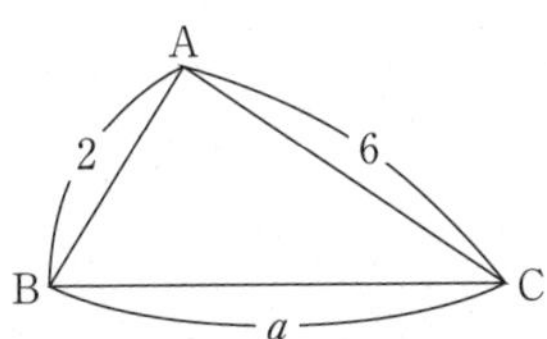

余弦定理より，

$$\cos\angle\mathrm{BAC}=\frac{2^2+6^2-a^2}{2\cdot2\cdot6}$$
$$=\frac{\boxed{ソタ\ 40}-a^2}{\boxed{チツ\ 24}}\quad\cdots\cdots①$$

したがって，三角形の成立条件より，

$$\begin{cases} 2+a>6 \\ 6+a>2 \\ 2+6>a \end{cases}$$

$$\Leftrightarrow \boxed{テ\ 4}<a<\boxed{ト\ 8}$$

に注意すると，

$$\begin{cases} \boxed{テ\ 4}<a<\boxed{ナ\ 2}\sqrt{\boxed{ニヌ\ 10}} \text{ のとき，} \\ \qquad\qquad\angle\text{BAC は鋭角} \\ a=\boxed{ナ\ 2}\sqrt{\boxed{ニヌ\ 10}} \text{ のとき，} \\ \qquad\qquad\angle\text{BAC は直角} \\ \boxed{ナ\ 2}\sqrt{\boxed{ニヌ\ 10}}<a<\boxed{ト\ 8} \text{ のとき，} \\ \qquad\qquad\angle\text{BAC は鈍角} \end{cases}$$

である。

また，△ABCの3つの辺の長さがすべて整数でかつ∠BACが鈍角のとき，

$$2\sqrt{10}<a<8$$

を満たすので

$$a=7$$

である。このとき，

$$\cos\angle\text{BAC}=-\frac{3}{8}$$

$$\therefore\quad \sin\angle\text{BAC}=\sqrt{1-\cos^2\angle\text{BAC}}$$

$$=\frac{\sqrt{55}}{8}$$

よって，

$$\triangle\text{ABC}=\frac{1}{2}\cdot 2\cdot 6\cdot\frac{\sqrt{55}}{8}$$

$$=\frac{\boxed{ネ\ 3}\sqrt{\boxed{ノハ\ 55}}}{\boxed{ヒ\ 4}}$$

▶三角形の成立条件

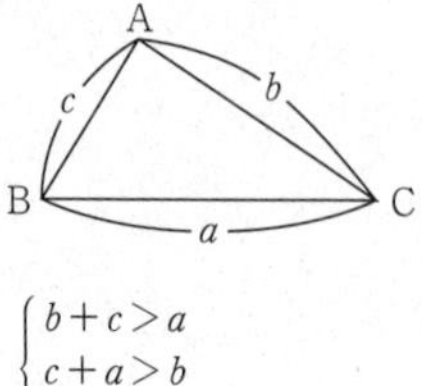

$$\begin{cases} b+c>a \\ c+a>b \\ a+b>c \end{cases}$$

▶$0^\circ<\theta<180^\circ$ のとき

$$\begin{cases} \cos\theta>0 \Leftrightarrow \theta\text{は鋭角} \\ \cos\theta=0 \Leftrightarrow \theta\text{は直角} \\ \cos\theta<0 \Leftrightarrow \theta\text{は鈍角} \end{cases}$$

▶a は整数

▶①より

▶$\triangle\text{ABC}=\dfrac{1}{2}bc\sin A$

第２問

〔１〕【２次関数】

ねらい

・日常生活に関する問題を数式で表現できるか
・２次関数の平方完成をして頂点の位置を読み取れるか
・２次方程式を解くことができるか

解説

(1)
$$y = ax^2 + bx$$
$$= a\left(x + \frac{b}{2a}\right)^2 - \frac{b^2}{4a}$$

より，頂点の座標は

$$\left(\boxed{ア\ -\frac{b}{2a}},\ \boxed{イ\ -\frac{b^2}{4a}} \right)$$

（……ア ③　イ ⑤）

$a>0$，$b>0$ であるから，頂点は ウ 第３象限 にある。

（……ウ ②）

▶ $-\frac{b}{2a}<0$，$-\frac{b^2}{4a}<0$

(2) 反応時間が 0.72 秒のとき，

$$b = \frac{0.72}{3.6} = \boxed{エ\ 0}.\boxed{オ\ 2}$$

▶ $b = \frac{(\text{反応時間})}{3.6}$

であるから，

$$y = 0.006x^2 + 0.2x$$

よって，$y = 80$ のとき

$$0.006x^2 + 0.2x = 80$$
$$3x^2 + 100x - 40000 = 0$$
$$(x-100)(3x+400) = 0$$

$x>0$ より，

$$x = \boxed{カキク\ 100}$$

(3)
$$(\text{制動時間}) = \frac{7.2 \times (\text{制動距離})}{(\text{車の速さ})}$$

第５回 実戦問題

$$=\frac{7.2\times ax^2}{x}$$
$$=7.2ax$$

また，反応時間は一定であるから，これを c とおくと（c は正の定数），

（停止時間）＝（反応時間）＋（制動時間）
$=7.2ax+c$

よって，停止時間は［ケ 速さの1次関数である］。

（…… ［ケ ④］）

よって，a，b が(2)の値で，速さが ［カキク 100］ km/時のとき，停止時間は

▶このとき，$c=0.72$ である

$7.2ax+c$
$=7.2\times0.006\times100+0.72$
$=4.32+0.72$
$=$［コ 5］.［サシ 04］（秒）

〔2〕【データの分析】

ねらい

・散布図から情報を読み取ることができるか
・人数変化があった際の平均値，分散の変化を読み取れるか
・偏差値に関する情報を正しく処理できるか
・仮説検定の考え方を理解しているか

解説

(1) ［ス ①］［セ ②］（解答の順序は問わない）

⓪……図2より，英語で最高点をとった人は，国語では最高点ではないとわかるので，正しくない。

①……図1，図2より，正しい。

②……第3四分位数は，データを小さい順に並べたときの30番目と31番目の平均値である。図1より，3教科の合計得点の第3四分位数は，200

点以上 220 点未満とわかるので，正しい。

③，④……図 1，図 2 ともに正の相関関係であるので，正しくない。

(2) (i) 9 人の得点の合計は，

59×9

であるから，太郎さんを含めた 10 人の数学の得点の平均値 $\overline{x}$ は，

$$\overline{x}=\frac{59\times 9+59}{10}=\boxed{\text{ソタ}\ 59}$$

また，9 人の得点の偏差を 2 乗したものの和は，

160×9

よって，太郎さんを含めた 10 人の数学の得点の分散 s^2 は，

$$s^2=\frac{160\times 9+0^2}{10}=\boxed{\text{チツテ}\ 144}$$

(ii) $\overline{x}=59$，$s=12$ であるから，

$$y=\frac{x-59}{12}\times 10+50$$

よって，花子さんの数学の得点が 77 点であるとき，花子さんの偏差値は，

$$y=\frac{77-59}{12}\times 10+50$$

$$=\boxed{\text{トナ}\ 65}$$

(iii) $\boxed{\text{ニ}\ ①}$

⓪ 調査対象の人数を 1 人増やし，平均値が変わらない場合，標準偏差が小さくなるので，偏差値が変化する人が生じる場合がある。よって，正しくない。

① 全員の得点が同じだけ上がっても各値の偏差 $x_i-\overline{x}$ ($i=1,\ 2,\ \cdots,\ n$) および標準偏差の値が変わらないので，それぞれの偏差値は変わらない。よって，正しい。

② 偏差値 50 の人の得点は平均値と一致する。一

▶ (得点の平均値)×(人数)＝(合計得点)

▶ $\overline{x}=\dfrac{(10\text{ 人の得点の合計})}{10}$

▶ (分散)×(人数)＝(各値の偏差の 2 乗の和)

▶ $s^2=\dfrac{(10\text{ 人の偏差の 2 乗の和})}{10}$
(太郎さんの得点の偏差は 59－59＝0 である)

般に，平均値と中央値は同じとは限らない。よって，正しくない。

③ 例えば，$\overline{x}=99$，$s=10$ のとき，0 点の人の偏差値は

$$\frac{0-99}{10}\times10+50=-49$$

である。よって，正しくない。

(3) 実験結果において，40 枚の硬貨のうち，27 枚以上が表となった相対度数は

$$\frac{5+2+1+1}{200}=\frac{9}{200}=0.\boxed{\text{ヌネノ } 045}$$

基準となる確率を 0.05 とすると，

$0.045<0.05$

であるから，「難しかった」と回答する割合と「難しかった」と回答しない割合が等しいという仮説は，ハ 誤っていると判断される。

（……ハ ⓪）

したがって，今回の定期テストは難しかったと感じた人の方が ヒ 多いといえる。

（……ヒ ⓪）

▶200枚中，表の枚数が 27枚以上となるのは
9＝(5＋2＋1＋1)回

▶有意水準は，0.05

□第3問【図形の性質】

ねらい

・メネラウスの定理を正しく使うことができるか
・方べきの定理を使うことができるか
・三角形の面積比の処理が正しくできるか

解説

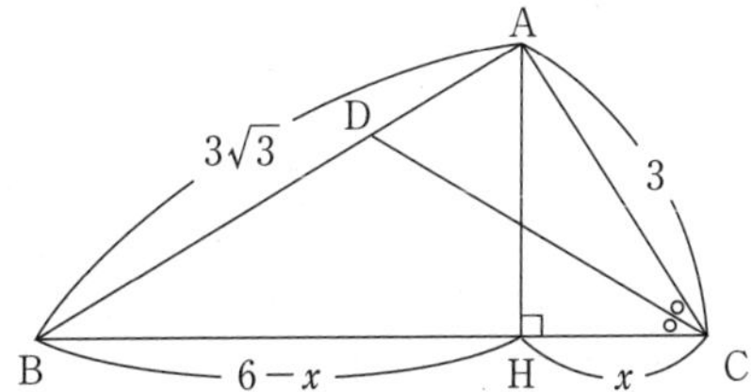

(1) △ABH に着目すると，

$$AH^2=(3\sqrt{3})^2-(6-x)^2$$
$$=\boxed{アイ\ -9}+\boxed{ウエ\ 12}x-x^2$$

▶三平方の定理より $AH^2=AB^2-BH^2$

△ACH に着目すると，

$$AH^2=3^2-x^2$$
$$=\boxed{オ\ 9}-x^2 \quad \cdots\cdots①$$

▶$AH^2=AC^2-CH^2$

これより，

$$-9+12x-x^2=9-x^2$$
$$12x=18$$
$$x=\frac{3}{2}$$

$$\therefore \quad CH=\frac{\boxed{カ\ 3}}{\boxed{キ\ 2}}$$

このとき，

$$AH^2=9-\left(\frac{3}{2}\right)^2=\frac{27}{4}$$

▶①に代入

であるから，

$$\triangle ABC=\frac{1}{2}\times BC\times AH$$
$$=\frac{1}{2}\times 6\times\frac{3\sqrt{3}}{2}$$
$$=\frac{\boxed{ク\ 9}\sqrt{\boxed{ケ\ 3}}}{\boxed{コ\ 2}}$$

◆ Comment

本問は，AC：AB：BC＝1：$\sqrt{3}$：2 なので，∠A＝90°，∠C＝60°，∠B＝30°の直角三角形とわかる。
これより，

$$\begin{aligned} \mathrm{CH} &= \mathrm{AC}\cos C \\ &= 3\cos 60^\circ \\ &= \frac{3}{2} \end{aligned}$$

▶△ACH に注目

$$\begin{aligned} \triangle \mathrm{ABC} &= \frac{1}{2} \times \mathrm{AB} \times \mathrm{AC} \\ &= \frac{1}{2} \times 3\sqrt{3} \times 3 \\ &= \frac{9\sqrt{3}}{2} \end{aligned}$$

有名三角形の場合，このように検算できる場合がある。

▶3 辺の比が 1：$\sqrt{3}$：2，1：1：$\sqrt{2}$ の三角形

(2)

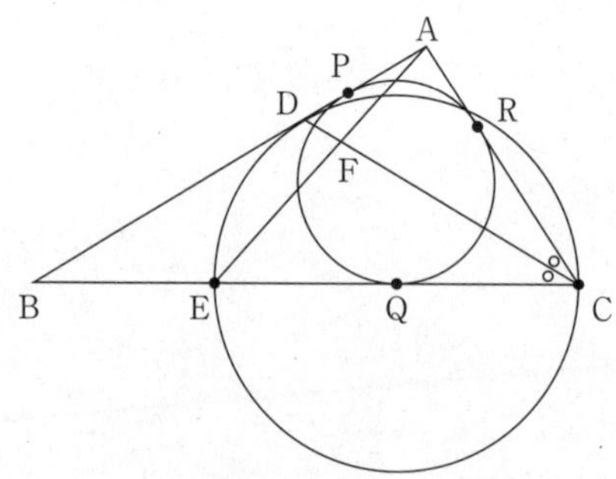

AD：DB＝CA：CB＝1：2 より，

$$\mathrm{AD} = \frac{1}{3}\mathrm{AB} = \sqrt{\boxed{サ\ \ 3}}$$

▶CA＝3，CB＝6 より

方べきの定理より，

$$\begin{aligned} \mathrm{BE}\cdot\mathrm{BC} &= \mathrm{BD}^2 \\ 6\mathrm{BE} &= (2\sqrt{3})^2 \end{aligned}$$

$$\therefore\ \ \mathrm{BE} = \boxed{シ\ \ 2}$$

▶$\mathrm{BD} = \mathrm{AB} - \mathrm{AD} = 3\sqrt{3} - \sqrt{3} = 2\sqrt{3}$

△BCD と直線 AE にメネラウスの定理を適用すると，

$$\frac{\mathrm{CF}}{\mathrm{FD}}\cdot\frac{\mathrm{AD}}{\mathrm{AB}}\cdot\frac{\mathrm{BE}}{\mathrm{EC}} = 1$$

$$\frac{\mathrm{CF}}{\mathrm{FD}}\cdot\frac{1}{3}\cdot\frac{2}{4} = 1$$

▶

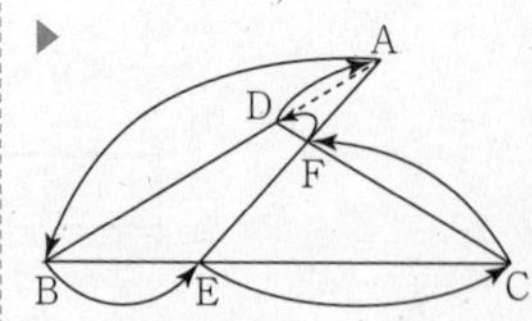

$\therefore\quad \dfrac{CF}{FD}=6$

したがって，CF：FD＝ ス 6 ： セ 1

また，△ABC の内接円と辺 AB，BC，CA の接点をそれぞれ P，Q，R とし，AP＝AR＝x とおくと，

$BP=3\sqrt{3}-x,\ CR=3-x$

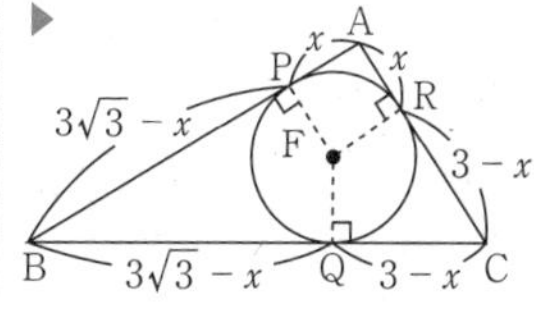

よって，

$$\begin{aligned}6&=BC\\&=BQ+QC\\&=BP+CR\\&=(3\sqrt{3}-x)+(3-x)\end{aligned}$$

これより，

$2x=3\sqrt{3}-3$

$\therefore\quad x=\dfrac{3\sqrt{3}-3}{2}$

よって，

$$\begin{aligned}AP:PD&=\frac{3\sqrt{3}-3}{2}:\frac{3-\sqrt{3}}{2}\\&=\sqrt{\boxed{ソ\ 3}}:\boxed{タ\ 1}\end{aligned}$$

$$\begin{aligned}PD&=AD-AP\\&=\sqrt{3}-\frac{3\sqrt{3}-3}{2}\\&=\frac{3-\sqrt{3}}{2}\end{aligned}$$

したがって，

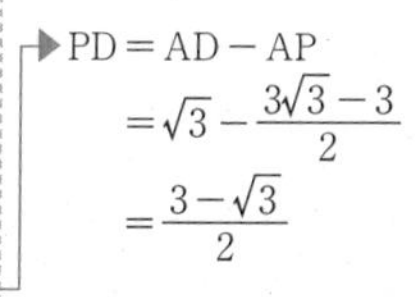

$$\begin{aligned}\triangle DFP&=\frac{1}{\sqrt{3}+1}\triangle ADF\\&=\frac{1}{\sqrt{3}+1}\times\frac{1}{7}\triangle ACD\\&=\frac{1}{\sqrt{3}+1}\times\frac{1}{7}\times\frac{1}{3}\triangle ABC\\&=\frac{1}{21(\sqrt{3}+1)}\times\frac{9\sqrt{3}}{2}\\&=\frac{3\sqrt{3}}{14(\sqrt{3}+1)}\\&=\frac{\boxed{チ\ 9}-\boxed{ツ\ 3}\sqrt{\boxed{テ\ 3}}}{\boxed{トナ\ 28}}\end{aligned}$$

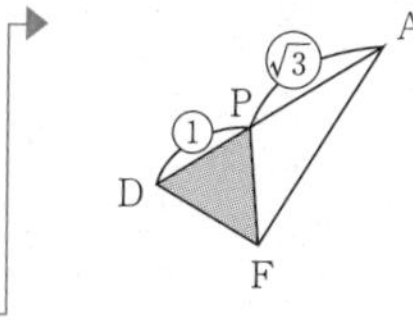

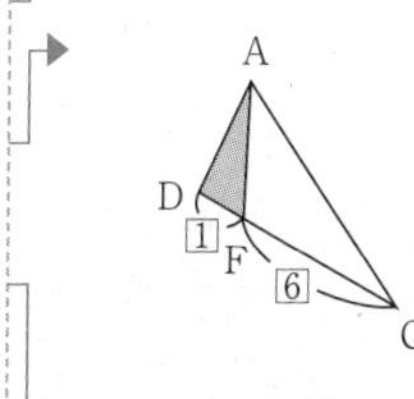

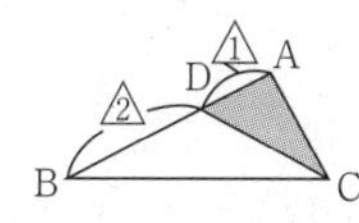

□第４問【場合の数と確率】

ねらい

・反復試行の確率の公式を正しく使えるか
・条件付き確率を求めることができるか
・復元抽出と非復元抽出の違いを理解しているか

解説

(1) 箱Aを選んだ場合，4回中ちょうど2回当たる確率は，

$${}_4C_2\left(\frac{1}{2}\right)^2\left(\frac{1}{2}\right)^2=\frac{\boxed{ア\ 3}}{\boxed{イ\ 8}}$$

▶反復試行の確率 ${}_nC_rp^r(1-p)^{n-r}$

一方，箱Bを選んだ場合，4回中ちょうど2回当たる確率は，

$${}_4C_2\left(\frac{1}{4}\right)^2\left(\frac{3}{4}\right)^2=\frac{\boxed{ウエ\ 27}}{\boxed{オカキ\ 128}}$$

▶${}_nC_rp^r(1-p)^{n-r}$

箱Aを選んだ場合，当たる回数Xのとりうる値とその確率は次のようになる。

X	0	1	2	3	4
確率	$\frac{1}{16}$	$\frac{1}{4}$	$\frac{3}{8}$	$\frac{1}{4}$	$\frac{1}{16}$

▶$P(X=0)=P(X=4)=\left(\frac{1}{2}\right)^4$
$P(X=1)=P(X=3)$
$={}_4C_1\left(\frac{1}{2}\right)\left(\frac{1}{2}\right)^3$

これより，Xの期待値Eは，

$$E=0\cdot\frac{1}{16}+1\cdot\frac{1}{4}+2\cdot\frac{3}{8}+3\cdot\frac{1}{4}+4\cdot\frac{1}{16}$$
$$=\boxed{ク\ 2}$$

▶Xのとりうる値とその確率が

X	x_1	x_2	$\cdots$	x_n	計
確率	p_1	p_2	$\cdots$	p_n	1

になるとき，Xの期待値は
$E=x_1p_1+x_2p_2+\cdots+x_np_n$

〈数学B「統計的な推測」を利用した[ク]の別解〉

確率変数Xは，二項分布$B\left(4,\ \frac{1}{2}\right)$に従うから，$X$の期待値$E$は，

$$E=4\cdot\frac{1}{2}=\boxed{ク\ 2}$$

▶確率変数Xが二項分布$B(n,p)$に従うとき，
$E(X)=np$

(2)　(i)　箱Bからくじを引いて，ちょうど2回当たるのは次の2つの場合である。

(ア)　くじを4回引いて，当たりを2回，はずれを2回引く場合

(イ)　くじを4回引いて，当たりを1回，はずれを3回引いたあと，くじ引き券を1枚もらってもう1回くじを引き，当たりを引く場合

(ア)は，

$${}_4C_2\left(\frac{1}{4}\right)^2\left(\frac{3}{4}\right)^2=\frac{27}{128}$$

▶ウ〜キと同じ

(イ)は，

$${}_4C_1\left(\frac{1}{4}\right)\left(\frac{3}{4}\right)^3\times\frac{1}{4}=\frac{27}{256}$$

よって，箱Bからくじを引いてちょうど2回当たる確率は

$$\frac{27}{128}+\frac{27}{256}=\frac{\boxed{ケコ\ 81}}{\boxed{サシス\ 256}}$$

であり，

$$\frac{3}{8}>\frac{81}{256}$$

▶$\frac{3}{8}=\frac{96}{256}$

より，当たる確率が高いのは [(あ) 箱A] である。

また，

$$P(W)=P(A\cap W)+P(B\cap W)$$
$$=\frac{2}{3}\times\frac{\boxed{ア\ 3}}{\boxed{イ\ 8}}+\frac{1}{3}\times\frac{\boxed{ケコ\ 81}}{\boxed{サシス\ 256}}$$
$$=\frac{\boxed{セソ\ 91}}{\boxed{タチツ\ 256}}$$

であるから，くじ引き券4枚でちょうど2回当たったとき，選んだ箱がAである条件付き確率 $P_W(A)$ は，

$$P_W(A)=\frac{P(A\cap W)}{P(W)}$$

第5回　実戦問題

$$=\frac{\frac{1}{4}}{\frac{91}{256}}$$

$$=\frac{\boxed{テト\ 64}}{\boxed{ナニ\ 91}}$$

▶$P(A\cap W)=\frac{2}{3}\times\frac{3}{8}=\frac{1}{4}$

(ii)　箱 A からくじを引いてちょうど 2 回当たる確率は

$$\frac{{}_8C_2\cdot{}_8C_2}{{}_{16}C_4}=\boxed{ヌ\ \frac{28}{65}}\qquad(\cdots\cdots\boxed{ヌ\ ⑤})$$

▶箱 A から 4 本同時に引いて，そのうち 2 本が当たりくじである確率と考える

▶

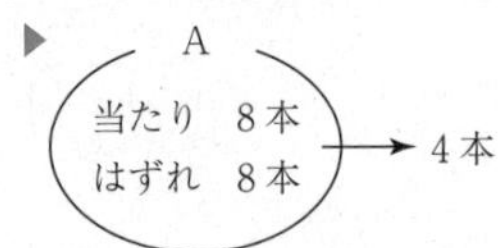

一方，箱 B からくじを引いてちょうど 2 回当たるのは，(i)の(ア)，(イ)の 2 つの場合がある。

(ア)は，

$$\frac{{}_4C_2\cdot{}_{12}C_2}{{}_{16}C_4}=\frac{99}{455}$$

(イ)は，

$$\frac{{}_4C_1\cdot{}_{12}C_3}{{}_{16}C_4}\times\frac{3}{12}=\frac{11}{91}$$

▶ B
当たり　4 本
はずれ　12 本

よって，箱 B からくじを引いてちょうど 2 回当たる確率は

$$\frac{99}{455}+\frac{11}{91}=\boxed{ネ\ \frac{22}{65}}\qquad(\cdots\cdots\boxed{ネ\ ③})$$

したがって，この場合も当たる確率が高いのは

(い) 箱 A である。　(……ノ ⓪)

▶$\frac{28}{65}>\frac{22}{65}$ より

MEMO

MEMO

MEMO

MEMO

MEMO

MEMO

MEMO

東進 共通テスト実戦問題集 数学Ⅰ・A〈3訂版〉

発行日：2024年 6月30日　初版発行

著者：**志田晶**
発行者：**永瀬昭幸**
発行所：株式会社ナガセ
〒180-0003 東京都武蔵野市吉祥寺南町 1-29-2
出版事業部（東進ブックス）
TEL：0422-70-7456 ／ FAX：0422-70-7457
URL：http://www.toshin.com/books/（東進WEB書店）
※本書を含む東進ブックスの最新情報は東進WEB書店をご覧ください。

編集担当：河合桃子

制作協力：株式会社カルチャー・プロ
編集協力：久光幹太　森下聡吾　城谷颯
デザイン・装丁：東進ブックス編集部
図版制作・DTP・印刷・製本：シナノ印刷株式会社

ISBN978-4-89085-958-0　C7341

東進の合格の秘訣が次ページに

合格の秘訣1

全国屈指の実力講師陣

東進の実力講師陣 数多くのベストセラー参考書を執筆!!

東進ハイスクール・東進衛星予備校では、そうそうたる講師陣が君を熱く指導する!

　本気で実力をつけたいと思うなら、やはり根本から理解させてくれる一流講師の授業を受けることが大切です。東進の講師は、日本全国から選りすぐられた大学受験のプロフェッショナル。何万人もの受験生を志望校合格へ導いてきたエキスパート達です。

英語

本物の英語力をとことん楽しく！日本の英語教育をリードするMr.4Skills.

安河内 哲也先生
［英語］

100万人を魅了した予備校界のカリスマ。抱腹絶倒の名講義を見逃すな！

今井 宏先生
［英語］

爆笑と感動の世界へようこそ。「スーパー速読法」で難解な長文も速読即解！

渡辺 勝彦先生
［英語］

雑誌『TIME』やベストセラーの翻訳も手掛け、英語界でその名を馳せる実力講師。

宮崎 尊先生
［英語］

いつのまにか英語を得意科目にしてしまう、情熱あふれる絶品授業！

大岩 秀樹先生
［英語］

全世界の上位5%(PassA)に輝く、世界基準のスーパー実力講師！

武藤 一也先生
［英語］

関西の実力講師が、全国の東進生に「わかる」感動を伝授。

慎 一之先生
［英語］

数学

数学を本質から理解し、あらゆる問題に対応できる力を与える珠玉の名講義！

志田 晶先生
［数学］

論理力と思考力を鍛え、問題解決力を養成。多数の東大合格者を輩出！

青木 純二先生
［数学］

「ワカル」を「デキル」に変える新しい数学は、君の思考力を刺激し、数学のイメージを覆す！

松田 聡平先生
［数学］

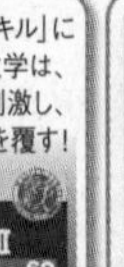

明快かつ緻密な講義が、君の「自立した数学力」を養成する！

寺田 英智先生
［数学］

WEBで体験

東進ドットコムで授業を体験できます！
実力講師陣の詳しい紹介や、各教科の学習アドバイスも読めます。
www.toshin.com/teacher/

国語

「脱・字面読み」トレーニングで、「読む力」を根本から改革する！
輿水 淳一先生
[現代文]

明快な構造板書と豊富な具体例で必ず君を納得させる！「本物」を伝える現代文の新鋭。
西原 剛先生
[現代文]

東大・難関大志望者から絶大なる信頼を得る本質の指導を追究。
栗原 隆先生
[古文]

ビジュアル解説で古文を簡単明快に解き明かす実力講師。
富井 健二先生
[古文]

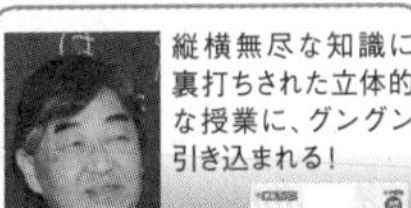
縦横無尽な知識に裏打ちされた立体的な授業に、グングン引き込まれる！
三羽 邦美先生
[古文・漢文]

幅広い教養と明解な具体例を駆使した緩急自在の講義。漢文が身近になる！
寺師 貴憲先生
[漢文]

小論文、総合型、学校推薦型選抜のスペシャリストが、君の学問センスを磨き、執筆プロセスを直伝！
正司 光範先生
[小論文]

文章で自分を表現できれば、受験も人生も成功できますよ。「笑顔と努力」で合格を！
石関 直子先生
[小論文]

理科

正しい道具の使い方で、難問が驚くほどシンプルに見えてくる！
宮内 舞子先生
[物理]

化学現象を疑い化学全体を見通す"伝説の講義"は東大理三合格者も絶賛。
鎌田 真彰先生
[化学]

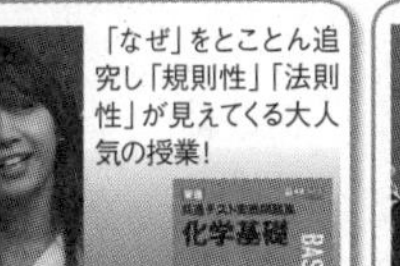

「なぜ」をとことん追究し「規則性」「法則性」が見えてくる大人気の授業！
立脇 香奈先生
[化学]

「いきもの」をこよなく愛する心が君の探究心を引き出す！生物の達人。
飯田 高明先生
[生物]

地歴公民

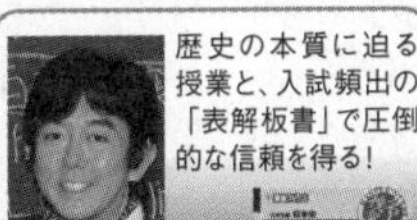

歴史の本質に迫る授業と、入試頻出の「表解板書」で圧倒的な信頼を得る！
金谷 俊一郎先生
[日本史]

つねに生徒と同じ目線に立って、入試問題に対する的確な思考法を教えてくれる。
井之上 勇先生
[日本史]

"受験世界史に荒巻あり"と言われる超実力人気講師！世界史の醍醐味を。
荒巻 豊志先生
[世界史]

世界史を「暗記」科目だなんて言わせない。正しく理解すれば必ず伸びることを一緒に体感しよう。
加藤 和樹先生
[世界史]

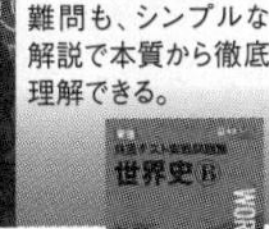
どんな複雑な歴史も難問も、シンプルな解説で本質から徹底理解できる。
清水 裕子先生
[世界史]

わかりやすい図解と統計の説明に定評。
山岡 信幸先生
[地理]

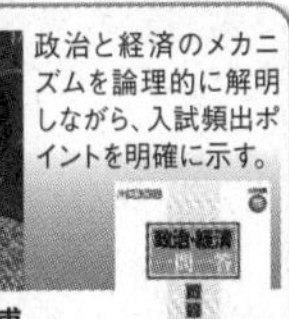
政治と経済のメカニズムを論理的に解明しながら、入試頻出ポイントを明確に示す。
清水 雅博先生
[公民]

「今」を知ることは「未来」の扉を開くこと。受験に留まらず、目標を高く、そして強く持て！
執行 康弘先生
[公民]

※書籍画像は2024年3月末時点のものです。

合格の秘訣2

ココが違う 東進の指導

01 人にしかできないやる気を引き出す指導

夢と志は志望校合格への原動力！

夢・志を育む指導

東進では、将来を考えるイベントを毎月実施しています。夢・志は大学受験のその先を見据える、学習のモチベーションとなります。仲間とワクワクしながら将来の夢・志を考え、さらに志を言葉で表現していく機会を提供します。

一人ひとりを大切に君を個別にサポート

担任指導

東進が持つ豊富なデータに基づき君だけの合格設計図をともに考えます。熱誠指導でどんな時でも君のやる気を引き出します。

受験は団体戦！仲間と努力を楽しめる

チーム制

東進ではチームミーティングを実施しています。週に1度学習の進捗報告や将来の夢・目標について語り合う場です。一人じゃないから楽しく頑張れます。

現役合格者の声

東京大学 文科一類
中村 誠雄くん
東京都 私立 駒場東邦高校卒

林修先生の現代文記述・論述トレーニングは非常に良質で、大いに受講する価値があると感じました。また、担任指導やチームミーティングは心の支えでした。現状を共有でき、話せる相手がいることは、東進ならではで、受験という本来孤独な闘いにおける強みだと思います。

02 人間には不可能なことを AI が可能に

学力×志望校 一人ひとりに最適な演習をAIが提案！

AI演習

東進の AI 演習講座は 2017 年から開講していて、のべ 100 万人以上の卒業生の、200 億題にもおよぶ学習履歴や成績、合否等のビッグデータと、各大学入試を徹底的に分析した結果等の教務情報をもとに年々その精度が上がっています。2024 年には全学年に AI 演習講座が開講します。

AI演習講座ラインアップ

高3生 苦手克服&得点力を徹底強化！

「志望校別単元ジャンル演習講座」
「第一志望校対策演習講座」
「最難関4大学特別演習講座」

高2生 大学入試の定石を身につける！

「個人別定石問題演習講座」

高1生 素早く、深く基礎を理解！

「個人別基礎定着問題演習講座」 2024年夏 新規開講

現役合格者の声

千葉大学 医学部医学科
寺嶋 伶旺くん
千葉県立 船橋高校卒

高1の春に入学しました。野球部と両立しながら早くから勉強をする習慣がついていたことは僕が合格した要因の一つです。「志望校別単元ジャンル演習講座」は、AIが僕の苦手を分析して、最適な問題演習セットを提示してくれるため、集中的に弱点を克服することができました。

合格の秘訣3

東進模試

申込受付中
※お問い合わせ先は付録7ページをご覧ください。

学力を伸ばす模試

本番を想定した「厳正実施」
統一実施日の「厳正実施」で、実際の入試と同じレベル・形式・試験範囲の「本番レベル」模試。
相対評価に加え、絶対評価で学力の伸びを具体的な点数で把握できます。

12大学のべ42回の「大学別模試」の実施
予備校界随一のラインアップで志望校に特化した"学力の精密検査"として活用できます(同日・直近日体験受験を含む)。

単元・ジャンル別の学力分析
対策すべき単元・ジャンルを一覧で明示。学習の優先順位がつけられます。

最短中5日で成績表返却
WEBでは最短中3日で成績を確認できます。※マーク型の模試のみ

合格指導解説授業
模試受験後に合格指導解説授業を実施。重要ポイントが手に取るようにわかります。

2024年度

東進模試 ラインアップ

共通テスト対策
- 共通テスト本番レベル模試 …… 全4回
- 全国統一高校生テスト〈全学年統一部門〉〈高2生部門〉〈高1生部門〉 …… 全2回

同日体験受験
- 共通テスト同日体験受験 …… 全1回

記述・難関大対策
- 早慶上理・難関国公立大模試 全5回
- 全国有名国公私大模試 …… 全5回
- 医学部82大学判定テスト …… 全2回

基礎学力チェック
- 高校レベル記述模試〈高2〉〈高1〉 …… 全2回
- 大学合格基礎力判定テスト …… 全4回
- 全国統一中学生テスト〈全学年統一部門〉〈中2生部門〉〈中1生部門〉 …… 全2回
- 中学学力判定テスト〈中2生〉〈中1生〉 …… 全4回

※ 2024年度に実施予定の模試は、今後の状況により変更する場合があります。
最新の情報はホームページでご確認ください。

大学別対策
- 東大本番レベル模試 …… 全4回
- 高2東大本番レベル模試 全4回
- 京大本番レベル模試 …… 全4回
- 北大本番レベル模試 …… 全2回
- 東北大本番レベル模試 …… 全2回
- 名大本番レベル模試 …… 全3回
- 阪大本番レベル模試 …… 全3回
- 九大本番レベル模試 …… 全3回
- 東工大本番レベル模試[第1回] 東京科学大本番レベル模試[第2回] 全2回
- 一橋大本番レベル模試 …… 全2回
- 神戸大本番レベル模試 …… 全2回
- 千葉大本番レベル模試 …… 全1回
- 広島大本番レベル模試 …… 全1回

同日体験受験
- 東大入試同日体験受験 …… 全1回
- 東北大入試同日体験受験 …… 全1回
- 名大入試同日体験受験 …… 全1回

直近日体験受験 …… 各1回
- 京大入試 直近日体験受験
- 北大入試 直近日体験受験
- 阪大入試 直近日体験受験
- 九大入試 直近日体験受験
- 東京科学大入試 直近日体験受験
- 一橋大入試 直近日体験受験

2024年 東進現役合格実績
受験を突破する力は未来を切り拓く力！

※2024年4月現在